Elektronische Meßtechnik

Eine Einführung für angehende
Wissenschaftler

Von
Georg Heyne

Oldenbourg Verlag München Wien

Die Deutsche Bibliothek - CIP-Einheitsaufnahme

Heyne, Georg:
Elektronische Meßtechnik : eine Einführung für angehende
Wissenschaftler / Georg Heyne. – München ; Wien : Oldenbourg,
1999
  ISBN 3-486-24976-2

© 1999 Oldenbourg Wissenschaftsverlag GmbH
Rosenheimer Straße 145, D-81671 München
Telefon: (089) 45051-0, Internet: http://www.oldenbourg.de

Lektorat: Martin Reck
Satz: Wolfram Däumel
Herstellung: Rainer Hartl
Umschlagkonzeption: Kraxenberger Kommunikationshaus, München
Gedruckt auf säure- und chlorfreiem Papier
Gesamtherstellung: Grafik + Druck, München

Vorwort

Dieses Buch ist geschrieben worden, um Naturwissenschaftlern, die bei der Durchführung von Experimenten häufig mit der elektronischen Meßtechnik im weitesten Sinne konfrontiert werden, einige wichtige Grundlagen dieses Gebietes möglichst praxisnah darzustellen.

Seit der Einführung der Computer in die Meßtechnik haben sich die Art und Weise der Meßaufnahme und Auswertung und damit auch die Ansprüche an den Experimentator sehr stark verändert. Die stupide Aufnahme von unendlichen Meßreihen ebenso wie die Auswertung wird jetzt vom Meßknecht Computer durchgeführt.

Die Sensoren werden immer „intelligenter", die Meßgeräte sind in ihren Möglichkeiten scheinbar keinen Limitierungen mehr unterworfen und die Darstellungen komplexer Vorgänge werden schön bunt und in 3-D Darstellung präsentiert.

Es besteht aber häufig die Schwierigkeit, beim Aufbau eines neuen Experiments und bei der Abschätzung der Ergebnisse festzustellen, was meßtechnisch machbar und sinnvoll ist. Dazu benötigt man mindestens einige elementare Grundkenntnisse der elektronischen Meßtechnik, auf die in diesem Buch teilweise eingegangen wird.

Die Auswahl der Themen hat sich durch die Erfahrung mehrjähriger Arbeit am Fritz-Haber-Institut herauskristallisiert und wurde durch Seminare zu diesen Themen vertieft.

Beim Bearbeiten vieler Sachgebiete waren Gespräche mit Kollegen sehr wichtig und hilfreich und deren Kritik und Anregungen sehr konstruktiv, wofür ich Ihnen dankbar bin. Speziell erwähnt werden sollen:

Uwe Härtel, Klaus Ihmann, Frank Meißen und Dr. Rolf Schuster.

Besonderer Dank gilt weiterhin Wolfram Däumel, der in der langen Entstehungszeit des Manuskripts kontinuierlich und ohne jemals die Geduld zu verlieren an der äußeren Gestaltung mitgearbeitet hat.

Für das Korrekturlesen (und gute Nerven) gilt mein großer Dank Birgit Heyne.

Den Lesern dieses Buches sei viel Spaß gewünscht und die eine oder andere Anregung für die elektronische Meßtechnik von Nutzen!

Georg Heyne

Fritz-Haber-Institut

Februar 1999

Inhaltsverzeichnis

1. Einleitung

In den naturwissenschaftlichen Experimenten müssen in der Regel physikalische Größen wie zum Beispiel Temperatur, Druck oder Geschwindigkeit so **genau** und **schnell** wie möglich in ein elektrisches Signal umgewandelt werden, um es anschließend elektronisch weiter zu verarbeiten.

Die Entwicklung der Meßtechnik hat sich in den letzten Jahrzehnten durch die Fortschritte in der Halbleitertechnologie und Einführung der digitalen Datenverarbeitung stark beschleunigt. Ohne elektronische Komponenten, wie zum Beispiel den Operationsverstärker, der aufgrund großer Genauigkeit, guter Temperaturstabilität und einfachen Handlings aus Meßschaltungen nicht mehr wegzudenken ist, wäre diese Entwicklung nicht möglich gewesen.

Die vielen Vorteile der modernen elektronischen Meßwertverarbeitung werden allerdings durch Fehler, die mit der eigentlichen Meßgröße nichts zu tun haben, häufig stark eingeschränkt. Dazu gehören beispielsweise elektrische und magnetische Störfelder, die oft auf die elektronischen Baugruppen einwirken, die das Meßsignal verarbeiten sollen.

Somit spielt in der gesamten Meßtechnik die Fehlerbetrachtung eine sehr wichtige Rolle. Der **gemessene** Wert muß immer auf den **wahren** Wert und die **Fehlergröße** untersucht werden, um eine korrekte Aussage mit den dazugehörigen Fehlergrenzen machen zu können.

Es gibt aber auch systematische Grenzen, die die Auflösung und Genauigkeit aller elektronischen Meßverfahren einschränken. Dabei spielt das Problem des Rauschens eine wichtige Rolle, was vor allem beim Messen kleinster Spannungen und Ströme auftritt. Dabei sind dann besondere Maßnahmen zu berücksichtigen, um ein Maximum an Genauigkeit zu erreichen.

Eine weitere Schwierigkeit tritt durch die immer größer werdende Integration von Komponenten auf. Bei vielen wissenschaftlichen Experimenten werden sehr komplexe Meßgeräte eingesetzt, deren Funktionsweise im Detail für den Anwender kaum noch nachvollziehbar ist. Um die Ergebnisse der Messungen aber qualitativ kritisch beurteilen zu können, muß ein Minimum an Verständnis der jeweiligen Funktionsweise und möglichen Fehlerquellen vorhanden sein.

Um in einem Meßaufbau sehr hohe Genauigkeiten zu erreichen, ist häufig ein enormer Aufwand zu treiben. Aus diesem Grunde sollte man sehr sorgfältig vorher prüfen, ob und an welcher Stelle dies notwendig ist. Beim Ausheizen einer UHV-Kammer ist das Messen der Temperatur mit einer Genauigkeit von +/- 10K völlig ausreichend. Zum Messen und Regeln dieser Temperatur können die einfachsten Methoden eingesetzt werden. Soll aber eine Probe beispielsweise dicht bis an den Schmelzpunkt erhitzt werden, so ist eine hohe absolute Genauigkeit erforderlich und der Einsatz einfacher Thermoelemente mit einem typischen Fehler von +/- 2,5% nicht sinnvoll.

Der Verbindung zwischen der realen, analogen Welt und dem digital arbeitenden Computer, den sogenannten Analog-Digital-Wandlern muß man genauso viel Sorgfalt und Aufwand widmen, wie einer vernünftigen Software, die die aufgenommenen Daten auswertet. In vielen Bereichen wird der Computer auch zum Steuern diverser Vorgänge benutzt. Dies kann direkt über ein digitales Steuersignal, wie zum Beispiel bei Schrittmotoren, Ventilsteuerungen o.ä., geschehen oder wird über einen Digital-Analog-Wandler durchgeführt. Wird über einen Sensor beispielsweise die Temperatur einer Probe gemessen und der Computer wertet dies aus, um dann dem Programm folgend eine Heizung zu regeln, dann handelt es sich um eine komplette Regelschleife mit spezifischen Gesetzmäßigkeiten.

In diesem Buch wird der Versuch unternommen, die Grundlagen der elektronischen Meßtechnik möglichst praxisnah darzustellen und einige Probleme, die dem Experimentator
beim Verarbeiten von Meßsignalen Schwierigkeiten bereiten können, anzusprechen.

2. Grundlagen

2.1 Einleitung

Um einen erfolgreichen Einstieg in die Meßtechnik zu ermöglichen, sollen zuerst einige elementare Grundlagen erläutert werden, die für das Verständnis vieler Meßaufgaben notwendig sind.

Dazu gehören neben den Elementen, die eine Meßstrecke bilden, auch die für viele Messungen limitierende Größe des Rauschens.

2.2 Rauschen

In der Meßtechnik tauchen viele Phänomene auf, die für die Genauigkeit und Präzision der Ergebnisse sehr nachteilig sein können. Eine wesentliche Störgröße bildet das Rauschen, das häufig dem Meßsignal überlagert ist und in jeder Verstärkerstufe mit verstärkt wird. Um trotzdem zu vernünftigen Ergebnissen zu kommen, sollten Rauschquellen nach Möglichkeit vermieden werden. Systembedingtes Rauschen kann unter Berücksichtigung der technischen Möglichkeiten minimiert werden. Dies ist zum Beispiel durch Kühlen oder Filtern möglich. **How much noise you see depends on how fast you look** [1].

Allgemein versteht man unter Rauschen die statistische Abweichung der Elektronenbewegung von dem erwarteten Mittelwert. In einem stromdurchflossenen Leiter oder Widerstand bewegen sich eine Anzahl von Elektronen, wobei deren Geschwindigkeit um einen Mittelwert, der proportional zum Strom ist, schwankt.

Man unterscheidet mehrere Arten von Rauschen, auf die in den nächsten Abschnitten kurz eingegangen wird.

2.2.1 Thermisches Rauschen (Johnson noise)

Das thermische Rauschen tritt in jedem Leitermaterial auf und wird auch als "weißes Rauschen" bezeichnet, da alle Frequenzen des gesamten Spektrums auftreten.

An einem reellen Widerstand kann man eine Rauschspannung messen, deren Ursache die thermische Bewegung der Ladungsträger ist. Das thermische Rauschen ist **unabhängig** vom Material! Bei gleichem Widerstandswert erzeugt ein hochwertiger Meßwiderstand die gleiche Rauschspannung wie ein Kohleschichtwiderstand aus der Schublade.

Bei Kondensatoren oder Spulen, bei denen Strom und Spannung nicht in Phase sind, treten Wirk[a]- und Blindanteile[b] des Widerstandes auf. Bei einem realen Kondensator fließt ein Leckstrom, der einen realen Widerstand bildet. Die komplexen, nicht reellen Blindanteile von Kondensatoren und Spulen erzeugen dagegen keine Rauschspannung.

Der Effektivwert der Rauschspannung eines Widerstandes ist abhängig von der Größe des Widerstandes, der betrachteten Bandbreite[c] des Rauschmessgerätes und der absoluten Temperatur:

---

a. Wirkanteil: der ohmsche Anteil eines realen Kondensators
b. Blindanteil: kapazitiver Bestandteil des realen Kondensators: $X_c = 1\,/\,j\omega C$
c. Unter Bandbreite versteht man an dieser Stelle den Frequenzbereich, in dem die Messung durchgeführt wird

$$Gl.\ 1 \quad U_{R_{eff}} = \sqrt{4 \cdot k \cdot T \cdot R \cdot \Delta F}$$

k: Boltzmannkonstante = $1,38 \times 10^{-23}$ [Ws/K], T = Temperatur des Widerstandes [K],

R = Widerstand [Ω], ΔF = Rauschbandbreite [Hz]

Durch Einsetzen ergibt sich dann bei Raumtemperatur (300K) folgende effektive Rausch-spannung:

$$Gl.\ 2 \quad U_{R_{eff}} \approx 0,128 \cdot 10^{-9} \cdot \sqrt{\frac{Ws}{K} \cdot K \cdot \Omega \cdot \frac{1}{s}} \approx 0,128 \cdot 10^{-9} \cdot \sqrt{R \cdot \Delta f}$$

Beispiel: Wie hoch ist die effektive Rauschspannung, die an einem 100kΩ Widerstand bei einer gemessenen Bandbreite von 200kHz abfällt?

$U = 0{,}128 \ \sqrt{100\mathrm{k}\Omega \cdot 200\mathrm{kHz}} \ [nV] = 18{,}1\mu V$

Die Rauschspannung sollte aber sinnvollerweise nicht als Effektivspannung betrachtet werden, da es sich nicht um ein sinusförmiges Signal handelt, sondern um eine Wahr-scheinlichkeitsverteilung von Amplitude und Dauer. Darum wird in der Praxis der Effek-tivwert mit dem Faktor 6 multipliziert, um mit 99% Sicherheit den Spitzenwert abzu-schätzen [18].

$$Gl.\ 3 \quad U_{R_{pp}} = U_{R_{eff}} \cdot 6$$

In dem obigen Beispiel ergibt sich somit eine Rauschspannung U_{RPP} von 108,6 μV_{pp}. Entsprechend zur Rauschspannung gibt es auch das Phänomen des Rauschstroms:

$$Gl.\ 4 \quad I_{R_{eff}} = \sqrt{\frac{4 \cdot K \cdot T \cdot \Delta F}{R}}$$

2.2.2 1/f - Rauschen (flicker noise)

Widerstände und aktive Halbleiterbauelemente besitzen eine weitere Rauschquelle, die zum thermischen Rauschen hinzukommt. Diese wird durch statistische Änderungen des Widerstandes verursacht, beziehungsweise durch inhomogene Verteilung der Störstellen im Halbleitermaterial. Die Größe dieser Rauschkomponente ist proportional zum Strom-fluß durch das Bauelement. Sie hängt nicht nur von den verwendeten Materialien, son-dern auch von konstruktiven Faktoren ab und ist bei Widerständen beispielsweise auch vom Aufbau und von der Art der Kontaktierung abhängig [23].

2.3 Meßstrecke

Jeder Versuchsaufbau besteht aus dem eigentlichen Experiment mit den dazugehörigen Komponenten, die für die Messung notwendig sind. Das können beispielsweise Temperatur-, Druck- oder Gassensoren sein, die elektrische Signale generieren, die dann über eine Leitung dem Verbraucher zugeführt werden. Somit besteht eine Meß- oder Versorgungsstrecke in der Regel aus 3 Hauptkomponenten: **Quelle, Übertragungsstrecke, Senke**.

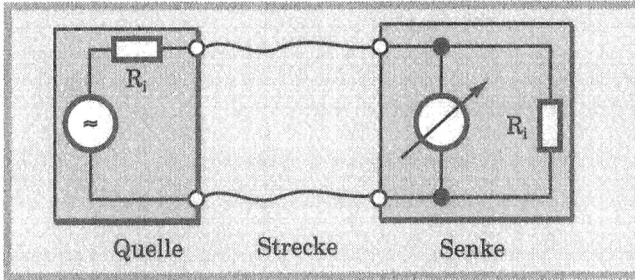

Abb. 1 Prinzipieller Aufbau einer Meßstrecke

2.3.1 Quelle

Aufgabe der elektronischen Meßtechnik ist es, ein Signal, welches von der Quelle generiert wird, zu verarbeiten. Die Quelle liefert in der Regel eine Spannung oder einen Strom. Die Eigenschaften der Quelle, wie beispielsweise der Innenwiderstand, sind von ganz entscheidender Bedeutung für die Weiterverarbeitung des Signals. Der Innenwiderstand des Meßgerätes (Senke) liegt parallel zu dem Quellwiderstand und führt zu einem Meßfehler *(siehe 2.4 bis 2.5)*.

2.3.2 Strecke

Die Strecke besteht in der Regel aus einer Leitung, auf dem die elektrische Information übertragen wird. Bei der Auswahl der Leitung *(siehe Kapitel 4., Seite 18)* muß berücksichtigt werden, welcher Art die Quelle ist: liefert sie eine Spannung oder generiert sie einen Strom? Handelt es sich um Pulse mit hoher Frequenz oder liefert sie eine Gleichspannung? Wie groß ist der Innenwiderstand? Weiterhin ist es sehr wichtig, die Übertragungsstrecke zu definieren: wie lang wird die Leitung sein müssen, wie elektrisch verseucht ist die Umgebung, welche Abschirmmaßnahmen sind unbedingt zu berücksichtigen?

2.3.3 Senke

Unter der Senke versteht man das letzte Glied einer Meßstrecke; dies kann ein Meßgerät, ein Verstärker oder ein anderer Verbraucher sein. Zum korrekten Aufbau gehört es jetzt, die Senke den anderen Teilen der Übertragungsstrecke anzupassen. Liefert die Quelle einen Strom, muß der Innenwiderstand der Senke sehr klein sein. Das kann gegebenenfalls durch entsprechende Anpassungsglieder optimiert werden. Soll eine Spannung gemessen werden, so muß der Innenwiderstand des Meßgerätes sehr hoch sein. Er muß 4 Größenordnungen höher als der Quellwiderstand sein, um einen geringen Meßfehler ($< 1^0/_{00}$) zu erhalten.

2.4 Spannungsquelle

Eine Spannungsquelle liefert im Idealfall unabhängig vom Lastwiderstand und vom Strom eine konstante Ausgangsspannung.
Bedingt durch den realen Innenwiderstand R_i sinkt aber die Ausgangsspannung bei größer werdendem Strom I. Der Innenwiderstand R_i läßt sich durch Ermittlung der Leerlaufspannung U_L und des Kurzschlußstroms I_K feststellen.

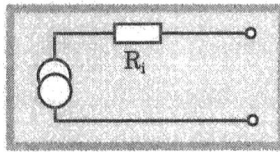

Abb. 2 Ersatzschaltung der Spannungsquelle

$$Gl.\ 5 \qquad R_i = \frac{U_L}{I_K}$$

In der Praxis kann man häufig nicht den Kurzschlußstrom direkt messen. Da der Zusammenhang zwischen Strom und Spannung aber linear ist, kann man über die Steigung der Geraden den Innenwiderstand bestimmen*(siehe Abb. 4, Seite 7)*.

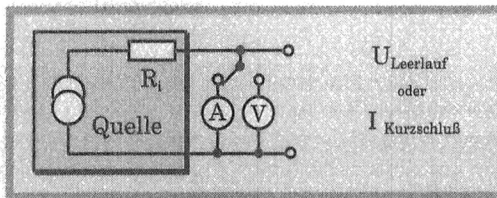

Abb. 3 Messung des Kurzschlußstroms und der Leerlaufspannung

Beispiel: Eine Autobatterie liefert im Leerlauf ca. 14V. Wird sie durch den Anlasser sehr stark belastet, können Ströme bis zu 200A fließen. Bei 200A sinkt die Batteriespannung auf 10V (siehe Abb. 4).

Steigung: $\quad a = \frac{\Delta y}{\Delta x} = \frac{2V}{100A} = 0,02 \Rightarrow R_i = 20m\Omega$

Standardlabornetzgeräte als Spannungsquelle haben Innenwiderstände im Bereich von ca.$10^{-5}\,\Omega$. Sie liefern also fast ideal, unabhängig von der Belastung, eine konstante Spannung.

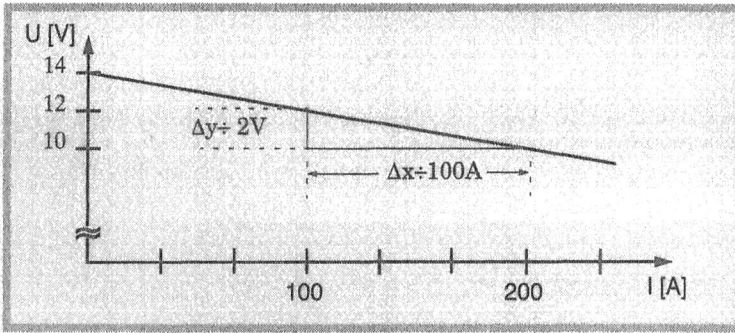

Abb. 4 Innenwiderstand einer Spannungsquelle

Es gibt aber auch Spannungsquellen, die einen höheren Innenwiderstand haben. Das kann zu Problemen führen, wenn die Messung sehr genau sein soll und die absoluten Spannungswerte benötigt werden. In diesem Fall ist der Eingangswiderstand des Meßgerätes von entscheidender Bedeutung. Das Verhältnis vom Innenwiderstand R_i der Quelle und dem Eingangswiderstand R_{in} des Meßgerätes bestimmen die maximal erreichbare absolute Genauigkeit.

Beispiel: Innenwiderstand der Quelle: 100Ω. Der Meßfehler soll kleiner als 0,01% sein. Wie groß muß der Eingangswiderstand des Meßgerätes mindestens sein?

$$\frac{100\Omega}{0,0001} = R_{in} = 1\text{M}\Omega$$

2.4.1 Spannungsteiler

Häufig werden Spannungsteiler eingesetzt, um nur einen bestimmten Anteil der Spannung zu messen oder weiterzuverarbeiten.

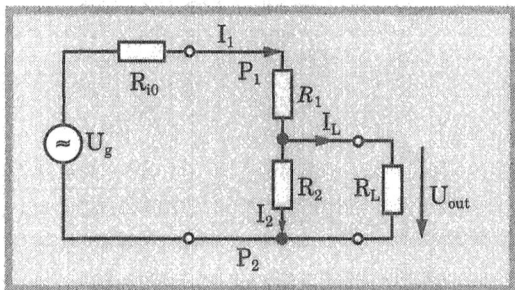

Abb. 5 Stromverteilung im Spannungsteiler

Vernachlässigt man den Innenwiderstand des Netzgerätes ($R_{i0}=0$), so liegt R1 ∥ R2 *(siehe Abb. 5)*, denn Punkt P1 ist dann direkt mit P2 verbunden. Aus der Sicht des Verbrauchers (R_L) ist der Innenwiderstand des Spannungsteilers somit folgendermaßen zu berechnen:

7

$$Gl.\,6 \quad \boxed{R_i = R_1 \parallel R_2} \quad a$$

Wird dieser durch den Widerstand R_L belastet, fließt der Strom I_1 durch R_1 und teilt sich dann in I_2 und I_L auf.

Um die Ausgangsspannung U zu berechnen, erhält man folgende Beziehung:

$$Gl.\,7 \quad \boxed{U_{out} = \frac{R_1 \parallel R_2 \parallel R_L}{R_1}}$$

Beispiel: Ein Netzgerät liefert eine Ausgangsspannung von $U_0 = 100V$. Die Widerstände R_1 und R_2 sollen jeweils einen Wert von $1k\Omega$ haben. Wie groß ist die Ausgangsspannung bei einer Belastung mit einem Widerstand R_L von $5k\Omega$, bzw. $3k\Omega$?

$$U_{out} = \frac{1\text{K} \parallel 1\text{K} \parallel 5\text{K}}{1\text{K}} \cdot 100\text{V} = \frac{454,5\Omega}{1\text{K}} \cdot 100\text{V} = 45,45\text{V}$$

$$U_{out} = \frac{1\text{K} \parallel 1\text{K} \parallel 3\text{K}}{1\text{K}} \cdot 100\text{V} = \frac{428,6\Omega}{1\text{K}} \cdot 100\text{V} = 42,86\text{V}$$

Daran erkennt man deutlich, daß sich die Ausgangsspannung stark durch unterschiedliche Belastung ändert. Die Spannungsteilerschaltung sollte man nur dort einsetzen, wo $R_L > R_i$ des Teilers ist, um den Fehler möglichst klein zu halten.

2.5 Stromquelle

Eine Stromquelle liefert im Idealfall, unabhängig von der an dem Lastwiderstand abfallenden Spannung, einen konstanten Strom.

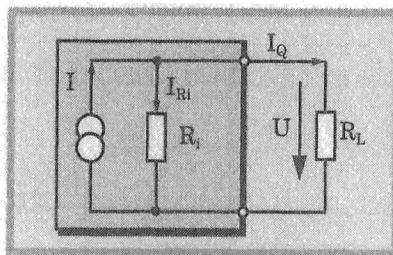

Abb. 6 Ersatzschaltung der Stromquelle

Bei der realen Stromquelle wird der Strom bei steigender Ausgangsspannung aber kleiner. Dies kann durch den parallelen Widerstand R_i beschrieben werden:

---

a. Parallele Widerstände werden folgendermaßen berechnet: $\frac{1}{R_{ges}} = \frac{1}{R_1} + \frac{1}{R_2} \cdots$

$$Gl.\ 8 \quad \boxed{I_Q = I - I_{Ri} = \left(I - \frac{U}{R_i}\right)}$$

In der Praxis setzt man Stromquellen mit Innenwiderständen bis einige Megaohm ein. Den Innenwiderstand R_i bestimmt man genauso wie bei der Spannungsquelle durch Messen der Leerlaufspannung U_L und des Kurzschlußstroms I_K.

$$Gl.\ 9 \quad \boxed{R_i = \frac{U_L}{I_K}}$$

Fazit: Spannungsquelle und Stromquelle sind im Prinzip das Gleiche. In beiden Fällen sinkt die Ausgangsspannung bei steigendem Strom. Von einer Spannungsquelle spricht man, wenn $R_L \gg R_i$, von einer Stromquelle, wenn $R_L \ll R_i$.

3. Spezifikationen

3.1 Einleitung

Um die Datenangaben der Hersteller in den Katalogen richtig lesen und interpretieren zu können, ist es wichtig, die technischen Spezifikationen exakt zu definieren.
In der folgenden Tabelle werden einige in der Meßtechnik häufig auftretende Größen im Vergleich dargestellt:

Digit	Auflösung (bei 10V)	Prozent	ppm	bit	dB
1	1000,0mV	10	100.000	3,3	-20
2	100,0mV	1	10.000	6,6	-40
3	10,0mV	0,1	1.000	10,0	-60
4	1,0mV	0,01	100	13,3	-80
5	0,1mV	0,001	10	16,6	-100
6	0,01mV	0,0001	1	19,9	-120
7	0,001mV	0,00001	0,1	23,3	-140
8	0,0001mV	0,000001	0,01	26,6	-160

Tab. 1 Vergleichstabelle von Maßangaben

Bei der Auswahl von Meßgeräten oder Verstärkern kann mit Hilfe dieser Tabelle eine erste Abschätzung über die erforderliche Genauigkeit gemacht werden:

Beispiel: Das zu erwartende Meßsignal hat eine maximale Amplitude von $U_S = \pm500mV$; es wird von einer Stör- oder Rauschspannung $U_R = 1mV_{pp}$ überlagert. Mit welcher Auflösung und Genauigkeit läßt sich dieses Signal messen?
Das Signal/Rauschverhältnis beträgt 1V/1mV. Es kann über folgende Beziehung beschrieben werden:

$$Gl.\ 10 \qquad \frac{S}{R} = 20\log\frac{U_S}{U_R}[dB]$$

Daraus folgt für das Beispiel: 20log 1V/1mV = 60dB (siehe 12.2, Seite 137). Dieser Störspannungsabstand von 60dB läßt nur eine sinnvolle Auflösung von 0,1% des maximalen Meßwertes zu. Jede höhere Auflösung würde keine zusätzliche wahre Information liefern. Ein 3-stelliges Digitalvoltmeter wäre völlig ausreichend.

3.2 Auflösung

Die Auflösung eines Meßinstrumentes ist durch die kleinste erkennbare Skalierung definiert. Bei einem Lineal mit Millimetereinteilung beträgt die Auflösung 1 mm, wenn man von der Möglichkeit der Interpolation absieht.

Bei einem analogen elektronischen Meßinstrument mit einer Skala, auf der 100 Teilstriche aufgebracht sind, beträgt die kleinste Auflösung 1% bezogen auf den Endwert. Wird eine Spannung von 5,123V im 10V-Bereich gemessen, so beträgt die Auflösung 1% von 10V: 100mV.

Bei digitalen Meßgeräten wird die Auflösung durch die Anzahl der Digits oder bits bestimmt: ein 3,5-stelliges Digitalvoltmeter kann drei ganze Stellen von 0...9 auflösen und erzeugt beim ersten Digit, dem höchstwertigen, eine "0" oder "1".

Abb. 7 Digitalvoltmeter (Fa. Schwille)

Im 20V Meßbereich beträgt die Auflösung 1mV. Jede Erhöhung um 1 Digit erhöht die Auflösung um eine Größenordnung. Die maximale Auflösung handelsüblicher Digitalvoltmeter beträgt 7,5 Digits.

Bei Analog-Digital-Wandlern richtet sich die Auflösung nach der Anzahl der möglichen bits. Ein 8 bit Wandler kann $2^8 = 256$ Zustände unterscheiden. Bei einem Spannungsbereich von 10V beträgt somit die maximale Auflösung: $10V/256 \approx 39mV$.

3.3 Genauigkeit

In jedem Meßaufbau gibt es mehrere Parameter, die die Genauigkeit beeinflussen, wobei der entscheidenste sicher das Meßgerät selber ist. Was bedeuten dann nun die Angaben über die Genauigkeit?

Im Allgemeinen macht man eine Angabe über die maximale Abweichung des gemessenen vom wahren Wert, wobei die Differenz der Fehler des Meßgerätes selber ist. Dieser wird in Prozent oder ppm - bezogen auf den Endwert- angegeben.

Beispiel: Ein analoges Zeigermeßinstrument hat einen maximalen Fehler von 1%; das bedeutet beispielsweise im 10V Meßbereich beim Anlegen einer Meßspannung von 10V, daß der maximale Fehler 100 mV beträgt. Liegt die zu messende Spannung dagegen bei 5V, beträgt der Meßfehler auch 100mV; das entspricht aber 2% Fehler bezogen auf die zu messende Größe.

Bei Meßinstrumenten werden die Fehlerangaben in Prozent, bzw. in ppm gemacht.

Beispiel: Ein 5 1/2 stelliges DVM[a] hat einen Fehler von ± 0,003%, wobei systembedingt in der Digitaltechnik ±1 Digit als Fehler hinzukommt. Genaueres wird im Kapitel „digitale Meßsysteme" ausgeführt. An der Tabelle erkennt man, welche verschiedenen Meßfehler zu berücksichtigen sind und zu großen Abweichungen der Anzeige führen.

U_{in}/V	Fehler: 0, 003%	±1 Digit	Anzeige min.	Anzeige max.
19.0002	±600μV	+00.0001 - 00.0001	19.0009	18.9995

Tab. 2 Fehlerabschätzung

Bei der Untersuchung der Qualität einer Messung unterscheidet man noch absolute und relative Genauigkeit.

3.3.1 Absolute Genauigkeit

Beim Messen soll das Instrument oder der Verstärker den wahren oder absoluten Wert möglichst genau verarbeiten. Systematische Fehlerquellen, die beispielsweise auf Temperaturkoeffizienten oder Linearitätsfehlern beruhen, lassen sich bedingt kompensieren, wenn ihre Größe bekannt ist.

Eine perfekte, absolut genaue Messung kann es nicht geben. Dazu müßte ein DVM unendlich viele Stellen haben, der Temperaturkoeffizient 0 ppm betragen und alle Störungen von außen vollständig unterdrückt sein.

Das bedeutet für die sogenannte absolute Genauigkeit, daß die zur Zeit technisch beste Meßmethode als Referenz benutzt wird und von den Eichämtern (z.B. Physikalisch Technische Bundesanstalt PTB) als "absolut" genau definiert wird.

Eine absolut genaue Spannungsquelle wird mit einem Spannungsnormal realisiert. Bei dieser Referenzquelle wird der "Josephson-Effekt" bei Supraleitern ausgenutzt, wobei die Spannung an einem Josephson-Kontakt durch folgende Beziehung spezifiziert wird:

$$Gl. 11 \quad U = \frac{n \cdot h \cdot f}{2e}$$

wobei n= ganze Zahl, h= Plancksches Wirkungsquantum, f= Frequenz und e= Elementarladung ist.

Um eine Referenzspannung herzustellen, wird der Josephson-Übergang von Mikrowellen im GHz-Bereich bestrahlt. Es handelt sich somit um ein Frequenz-Spannungswandler. Die Präzision dieses Spannungsnormals hängt nur von der Genauigkeit der Frequenzmessung ab [6].

Bei diesem System, das unabhängig von äußeren Einflüssen wie Temperatur, Feuchtigkeit u.a. ist, lassen sich Spannungsnormale herstellen, deren Fehler < 1ppm sind [6].

Ein Meßgerät, das an dieser absoluten Quelle geeicht wird, kann mit einer absoluten Fehlerangabe spezifiziert werden.

---

a. DVM: Digitalvoltmeter

3.3.2 Relative Genauigkeit

Alle außerhalb des Eichamtes benutzten Spannungsnormale liefern nur eine relative Genauigkeit, mit der man Meßgeräte **kalibrieren**, aber nicht eichen kann.

3.4 Empfindlichkeit

Unter der Empfindlichkeit eines Gerätes versteht man die kleinste Einheit der Meßgröße, auf die das Instrument reagieren kann. Das bedeutet, um welchen Bereich muß sich die Eingangsgröße ändern, damit am Ausgang eines Verstärkers oder an der Anzeige eines Meßgerätes eine Änderung zu beobachten ist. Es gibt verschiedene Gründe dafür: bei Zeigerinstrumenten ist es beispielsweise die Hysterese des Meßwerkes, bei Operationsverstärkern die endliche Leerlaufverstärkung und bei digitalen Systemen die maximale Auflösung. In der Digitaltechnik ist somit die Empfindlichkeit identisch mit der Anzahl der möglichen Stufen und damit der Auflösung.

Beispiel: Ein 5 1/2 stelliges Labor-Digitalvoltmeter hat einen kleinsten Gleichspannungsmeßbereich von 2mV. Das letzte Digit der Anzeige entspricht 0,005‰ von 2mV: die maximale Empfindlichkeit beträgt somit 10nV.

Man muß aber berücksichtigen, daß die Empfindlichkeit keine Aussage über die Genauigkeit macht.

3.5 Stabilität

Liegt am Eingang eines Meßgerätes ein stabiles Eingangssignal an, dann definiert die Stabilität des Gerätes die Konstanz des Ausgangssignal, die durch äußere Parameter beeinflußt werden kann.
Meßgeräte unterliegen thermischen Einflüssen, die, wenn sie nicht kompensiert werden können, dazu führen, daß die Anzeige driftet, obwohl der eigentliche Meßwert konstant ist. Beim Meßaufbau und bei der Auswahl der Geräte muß daher untersucht werden, welche Temperaturschwankungen in der Umgebung auftreten können. Die Stabilität der Geräte sollte den maximal auftretenden Temperaturschwankungen entsprechend angepaßt sein. Hochwertige Meßgeräte werden in ihrer Kurzzeit- und Langzeitstabilität spezifiziert. Diese Angaben werden in der Regel in ppm/Std., beziehungsweise ppm/Tag gemacht. Weiterhin gibt es über die Zeit Driftphänomene, die beispielsweise durch die Alterung der Bauteile verursacht werden. Deswegen garantieren die Hersteller die technischen Spezifikationen nur für eine bestimmte Zeit, anschließend müssen sie neu kalibriert werden.

3.6 Bandbreite

In der elektronischen Meßtechnik wird durch den Begriff Bandbreite definiert, in welchem Frequenzbereich ein Bauelement, eine komplette Schaltung oder ein Meßgerät ein Signal überträgt oder erfaßt. In diesem Zusammenhang spricht man auch von der Übertragungsfunktion. Es muß darauf hingewiesen werden, daß an dieser Stelle nur sehr oberflächlich auf Eigenschaften der Übertragungskomponenten eingegangen werden kann. Daher kann nur das Grundlegenste in Form einfacher Schaltungen erläutert werden.

Man unterscheidet 4 Hauptgruppen von Übertragungsgliedern:
- Tiefpaß
- Hochpaß
- Bandpaß
- Bandsperre

Unter einem Tiefpaß stellt man sich ein Element vor, dessen Übertragungsverhalten dadurch gekennzeichnet ist, daß es tiefe Frequenzen gut überträgt, höhere Frequenzen dagegen in ihrer Amplitude stark gedämpft.

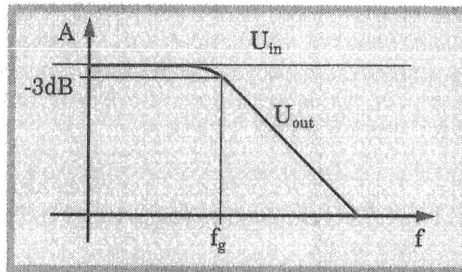

Abb. 8 Frequenzverlauf eines Tiefpasses

Ein Tiefpaß läßt sich als Spannungsteiler mit einem Widerstand und Kondensator aufgebaut in einfachster Form so darstellen:

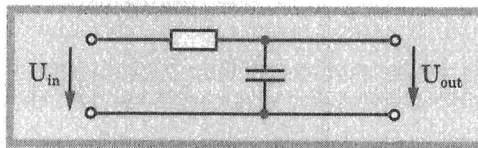

Abb. 9 RC-Glied als Tiefpaß

Der Kondensator bildet einen frequenzabhängigen Widerstand und beeinflußt somit die Amplitude des Ausgangssignals. Der Widerstandswert X_C des Kondensators berechnet sich nach der Beziehung:

$$Gl.\ 12 \quad X_C = \frac{1}{2\pi fC}$$

Die Grenzfrequenz f_g ist für das Übertragungsverhalten und damit die mögliche Bandbreite sehr wichtig. Sie wird definiert als:

$$Gl.\ 13 \quad f_g = \frac{1}{2\pi RC}$$

Um das Verhalten des Tiefpasses im Zeitbereich zu betrachten, legt man einen Spannungssprung an den Eingang und wird feststellen, daß sich der Ausgangswert asymptotisch dem Wert des Eingangssprungs nähert:

$$Gl.\ 14 \quad \boxed{U_{aus} = U_{ein} \cdot (1 - e^{(-1)/(R \cdot C)})}$$

Diese Einstellzeit wird mit der Konstanten τ beschrieben. Diese gibt an, welche Zeit benötigt wird, bis man den 1/e-Wert ($\approx$ 63 % des Endwertes) erreicht hat.

$$Gl.\ 15 \quad \boxed{\tau = R \cdot C}$$

Welche Einstellzeiten für geringere Abweichungen notwendig sind, werden in der folgenden Tabelle aufgeführt:

Abweichung	37 %	10 %	1 %	0,1 %
Einstellzeit	t	2,3 τ	4,6 τ	6,9 τ

Tab. 3 Einstellzeiten eines Tiefpasses [28]

Bei der Untersuchung eines Übertragungsgliedes ist aber nicht nur die Amplitude des Signals zu berücksichtigen, sondern auch die Phasenlage. Es findet bei einem komplexen Spannungsteiler eine Phasenverschiebung zwischen Ausgangs- und Eingangssignal statt, die ebenfalls frequenzabhängig ist. Diese wird mit der Formel $\varphi = -\arctan 2\pi f RC$ berechnet.

Beispiel: Wie groß ist die Grenzfrequenz eines Tiefpasses mit den Werten: R=1kΩ, C=1μF? Wie groß ist die Phasenverschiebung bei der Grenzfrequenz?

$$f_g = \frac{1}{2\pi RC} = 159,15 \text{Hz} \quad \varphi = -\arctan 2\pi f RC = -\arctan 2\pi (159,15) 1k\Omega 1\mu F = -45°$$

Allgemein gilt somit für die Grenzfrequenz eines Tiefpasses: Die Phasenverschiebung beträgt 45°.
In der Regel haben alle Meßgeräte, Verstärker und andere elektronische Komponenten ein Übertragungsverhalten wie ein Tiefpaß. Aus diesem Grunde muß beispielsweise bei schnellen Verstärkern die Eingangskapazität möglichst klein sein.
Um die analoge Bandbreite eines Meßgerätes oder Verstärkers auszumessen, ist folgender Aufbau möglich *(siehe Abb. 10, Seite 16)*: Der Generator als Signalquelle liefert ein sinusförmiges Signal, das sowohl direkt (Kanal A) als auch über den Prüfling zum Kanal B des Oszilloskops geführt wird. Die Frequenz des Generators wird dann solange erhöht, bis die Amplitude des B-Kanals (des Prüflings) um den Faktor $1/\sqrt{2} \approx 0,7$ kleiner als das Originalsignal geworden ist. Dann hat man die Grenzfrequenz erreicht und damit die Bandbreite bestimmt.

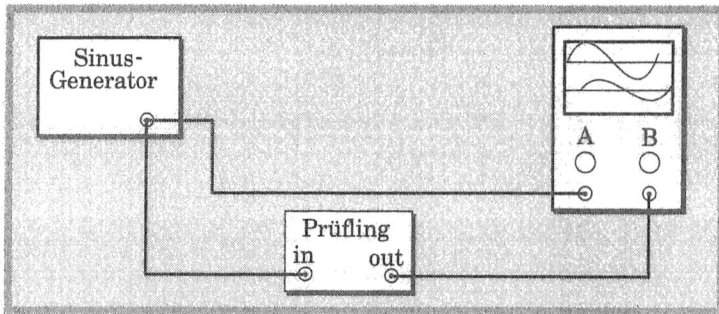

Abb. 10 Testaufbau zur Messung der Bandbreite

Das Übertragungsverhalten des Hochpasses ist entsprechend zum Tiefpaß umgekehrt proportional, das bedeutet, daß die niedrigen Frequenzen stark gedämpft und die hohen Frequenzen gut übertragen werden.
Der Aufbau des Hochpasses ist auch wie beim Tiefpaß durch eine Schaltung mit einem Widerstand und Kondensator darstellbar:

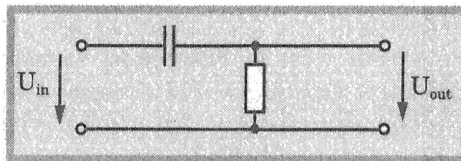

Abb. 11 RC-Glied als Hochpaß

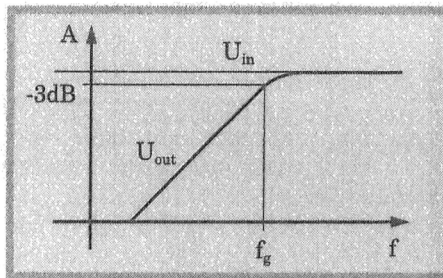

Abb. 12 Frequenzverlauf eines Hochpasses

Die Grenzfrequenz berechnet sich genau wie beim Tiefpaßfilter nach der Formel:

$$Gl.\ 16 \quad f_g = \frac{1}{2\pi RC}$$

Ein Bandpaß und eine Bandsperre werden durch die Reihen- beziehungsweise Parallelschaltung eines Hoch- und Tiefpasses gebildet. Bei einem Bandpaß ist die Grenzfrequenz des Hochpasses niedriger als die des Tiefpasses. Bei der Bandsperre verhält es sich entsprechend umgekehrt.

3.7 Einschwingzeit

Eine wichtige Größe in der Meßtechnik ist die Zeit, die ein Meßgerät benötigt, um eine definierte Genauigkeit (beispielsweise 99,9% des wahren Wertes) zu erreichen, wenn auf den Eingang ein Rechtecksignal gegeben wird.

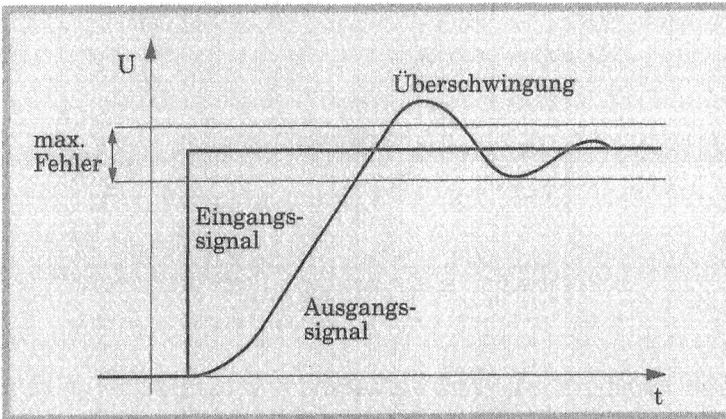

Abb. 13 Sprungantwort und Einschwingzeit eines Verstärkers

Diese Angabe spielt nicht nur bei Meßverstärkern, sondern auch bei digitalen Meßwertaufnehmern, wie beispielsweise Analog-Digital-Wandlern eine entscheidende Rolle.
Da Meßstrecken oft aus mehreren Komponenten aufgebaut werden, ist immer zu berücksichtigen, daß die einzelnen Stufen sicher eingeschwungen sind, bevor die nächste Komponente den Wert übernimmt und weiterverarbeitet.

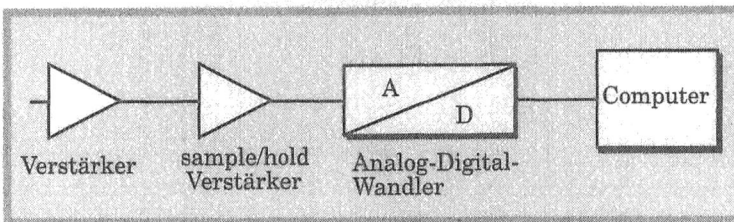

Abb. 14 Meßaufbau mit verschieden Einschwingzeiten

An dieser Abbildung kann man erkennen, daß jede einzelne Komponente erst sicher eingeschwungen sein muß, bis die nächste aktiviert wird. Der sample/hold Verstärker darf den analogen Spannungswert des Eingangsverstärkers erst übernehmen, wenn der Ausgang des OPs auf den tatsächlichen Wert eingeschwungen ist. Das gleiche gilt eine entsprechende Zeit später auch für den ADC und anschließend auch für den PC.

17

4. Meßleitung

Im Labor werden die verschiedensten Leitungen eingesetzt. Beim Messen kleiner Spannungen oder kleiner Ströme, hoher Frequenzen oder anderer sensibler Meßgrößen muß man bei der Auswahl der Kabel sehr sorgfältig vorgehen.

Die Leitung soll im Idealfall ein elektrisches Signal verlustfrei und ohne Verzögerung übertragen. Das elektrische Signal besteht aus einer Spannungsdifferenz zwischen zwei elektrischen Leitern und einem Strom längs des Leiters. Diese beiden Größen erzeugen - je nach Leitungstyp - verschiedene elektrische und magnetische Feldlinien. Bei einer Koaxleitung beispielsweise sind die elektrischen Feldlinien radial ausgerichtet, die magnetischen bewegen sich konzentrisch um den Leiter.

Was passiert nun im Realfall bei der Übertragung von elektrischen Signalen auf der Leitung, die aus einem Hin- und Rückleiter besteht? Da es sich in der Regel um Kupferdraht handelt, hat sie einen Widerstand.

$$Gl. 17 \quad \boxed{R = \frac{\varsigma l}{A}}$$

ς : spezif. Widerstand(materialabhängig), l: Länge, A: Querschnitt

ς_{Cu} bei 20°C: $0{,}0178 \cdot 10^{-6}\ \Omega \cdot m$, $[\varsigma] = \Omega \cdot m = 10^6\ \Omega \cdot mm^2/m$

Beispiel: Wie groß ist der Widerstand eines 10m Kabels, 0,14 mm² Querschnitt bei 20 C°?

$$R = \frac{0{,}0178 \cdot 10^{-6} \cdot \Omega m \cdot 10m}{0{,}14 \cdot 10^{-6} \cdot m^2} = 1{,}27\Omega$$

Hierbei handelt es sich um den "Realteil" des Kabelwiderstandes. Das bedeutet, daß Verluste beim Stromfluß auf diesem Leiter auftreten.

Das Kabel wird aber noch durch weitere charakteristische Komponenten beschrieben: Induktivität, Kapazität und Ableitwiderstand.

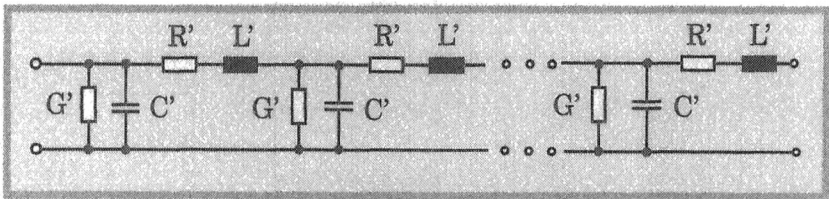

Abb. 15 Induktivität, Kapazität und Ableitwiderstand einer Leitung

Alle Größen sind abhängig von der Länge der Leitung. Die Größe der einzelnen Komponenten hängt von dem Aufbau der Leitung, beispielsweise von Anordnung und Material (Dielektrikum) des Zwischenraums zwischen Hin- und Rückleiter, ab.

Das bedeutet für die Praxis, daß jede Leitung folgende Probleme verursachen kann:

a) als realer Widerstand fällt längs der stromdurchflossenen Leitung eine Spannung ab (R' [Ω/m])

b) durch den Ableitwiderstand, beziehungsweise Leitwert G' fließt zwischen Hin- und Rückleiter ein Querstrom (G' [S/m])

18

c) zwischen beiden Leitern existiert eine Kapazität, die je nach Größe den Wellenwiderstand und die Laufzeit des Signals beeinflußt (C' [pF/m])

d) jede Leitung bildet eine Induktivität, die den Wellenwiderstand und die Laufzeit beeinflußt (L'[μH/m])

4.1 Wellenwiderstand

Breitet sich eine hochfrequente elektromagnetische Welle auf einer Leitung aus, kann man an jeder Stelle des Kabels die Spannung und den Strom messen. Diese Ausbreitung läßt sich durch eine Wellengleichung, die sogenannte *Telegrafengleichung*, beschreiben. Danach verhält sich die Spannung U' und der Strom I' längs der Leitung an jeder Stelle nach folgender Beziehung:

Gl. 18
$$\frac{U'}{I'} = Z_0 = \sqrt{\frac{j\omega L' + R'}{j\omega C' + G'}}$$

Bei den üblichen Längen der Leitung kann man R' und G' gegenüber L' und C' vernachlässigen.

Gl. 19
$$Z_0 = \sqrt{\frac{j\omega L'}{j\omega C'}} = \sqrt{\frac{L'}{C'}}$$

Durch diese Vereinfachung wird der Wellenwiderstand frequenzunabhängig und reell, unabhängig von der Länge der Leitung!

Der Wellenwiderstand wird durch die Geometrie und das Dielektrikum zwischen den Leitern bestimmt. Für koaxiale Kabel kann man über folgende Beziehung den Wellenwiderstand berechnen:

Gl. 20
$$Z = \frac{\ln\frac{r_a}{r_i}}{2 \cdot \pi} \cdot \sqrt{\frac{\mu}{\epsilon}}$$

r_i: Radius des Innenleiters, r_a: Radius des Außenleiters,

$\epsilon = \epsilon_r \cdot \epsilon_0$: Dielektrizitätskonstante, $\mu = \mu r \cdot \mu 0$, ϵ_r : relative Dielektrizitätskonstante,

μr: relative Permeabilität (i.a. = 1),

$$\epsilon_0 = 8,85 \cdot 10^{-12} \cdot \frac{F}{m}, \mu_0 = 4 \cdot \pi \cdot 10^{-7} \cdot \frac{H}{m}$$

Setzt man diese Konstanten in Gl. 20 ein, so erhält man folgenden, vereinfachten Ausdruck:

$$Gl.\ 21 \qquad Z_0 = \frac{60\,\Omega}{\sqrt{\varepsilon_r}} \ln \frac{r_a}{r_i} [\Omega]$$

r_a: Außenradius, r_i: Innenradius, ε_r : rel. Dielektrikum

Die Laufzeit der elektrischen Welle auf der Leitung wird ebenfalls durch die kapazitiven und induktiven Beläge C' und L' bestimmt.

$$Gl.\ 22 \qquad T_0 = \sqrt{L'C'}$$

Auf einer Leitung breitet sich eine elektromagnetische Welle mit ca. $^2/_3$ der Lichtgeschwindigkeit aus. Die Signalgeschwindigkeit ist somit ca. 20 cm/ns.

Leitung	L' (nH/m)	C' (pF/m)	Z_0 (Ω)
Einzeldraht	2000	6	600
Flachbandleitung	500..1000	60..100	80..130
Koax RG 58	250	100	50

Tab. 4 Charakteristische Werte einiger Leitungen

4.2 Reflexionen - abgeschlossene Leitung

Die elektromagnetische Welle wird von einer Quelle mit einem Innenwiderstand R_i erzeugt und breitet sich auf der endlichen Leitung aus.

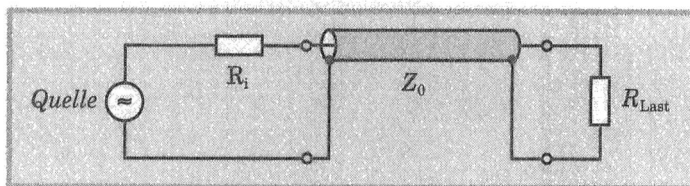

Abb. 16 Abgeschlossene Leitung

Am Ende der Leitung können folgende Verhältnisse vorliegen:
a) Leitung offen $R_L = \infty\ \Omega$
b) Leitung kurzgeschlossen $R_L = 0\ \Omega$
c) Leitung nicht angepaßt abgeschlossen $R_L \neq R_i$
d) Leitung angepaßt abgeschlossen $R_L = R_i$
In den ersten drei Fällen wird die Fehlanpassung zu Reflexionen der ankommenden Welle führen. Bei einer offenen Leitung gibt es eine Totalreflexion ohne Phasenumkehr; bei einer kurzgeschlossenen Leitung gibt es ebenfalls eine Totalreflexion, allerdings mit einer

Phasenumkehr. Jede andere Fehlanpassung führt zu Teilreflexionen. Die reflektierte Welle breitet sich in Richtung Signalquelle aus und wird, wenn diese nicht den angepaßten Widerstand R_i hat, wieder reflektiert. Darum ist unbedingt folgende Bedingung zu erfüllen:

$$Gl. 23 \qquad R_i = Z_0 = R_L$$

Werden mehrere Verbraucher an eine Quelle mit definiertem Ausgangswiderstand angeschlossen, ist darauf zu achten, daß der Abschlußwiderstand erhalten bleibt. Werden beispielsweise 3 Monitore an einen Videorecorder parallel angeschlossen, so ergibt sich ein Gesamtabschlußwiderstand von 25Ω. Um wieder auf 75Ω Abschluß zu kommen, schaltet man einen Widerstand von 50Ω in Reihe.

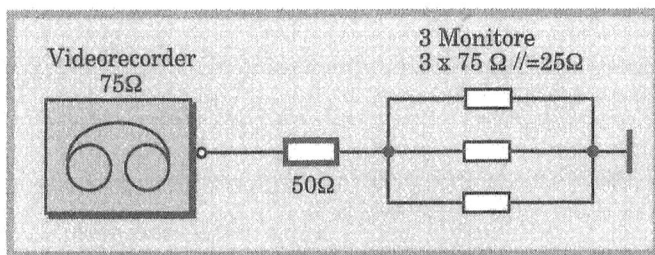

Abb. 17 Abgeschlossene Leitung

4.3 Leitungsarten

Eine Probenheizung mit einer Thermoausgleichsleitung versorgen oder eine Hochspannung mit Hilfe einer Netzleitung an die Kammer führen - warum nicht? Der Laboralltag ist hart und die richtige Leitung sowieso nicht zu finden.
Es gibt allerdings zwei wichtige Gründe, sorgfältig bei der Auswahl der Leitung vorzugehen:
a) Sicherheit und
b) Genauigkeit
Wer gegen Sicherheitsvorschriften verstößt und andere Mitarbeiter gefährdet, handelt verantwortungslos. Die meisten Wissenschaftler haben zwar Hochleistungsschutzengel; diese sollten aber nicht überstrapaziert werden.
Wenn an die Genauigkeit der Messung hohe Ansprüche gestellt wird, muß auch die sachgerechte Leitung eingesetzt werden.
Es werden einige wichtige Leitungsarten vorgestellt und ihre Eigenschaften erklärt.

4.3.1 Doppelleitung

Um Meßsignale oder elektrische Energie zu übertragen, braucht man immer 2 Leitungen. Die einfachste Ausführung besteht aus 2 isolierten Kupferleitungen. Diese können als Draht oder Litze ausgeführt sein.

Bei der Dimensionierung dieser Leitungen ist bei Energieübertragung (z.B. Heizen einer Probe) auf den Querschnitt zu achten.

Die folgenden Angaben beziehen sich auf Mehraderleitungen, VDE 0100/73,Gruppe 2 (z.B. bewegliche Leitungen). Weiterhin ist ihre Spannungsfestigkeit zu beachten.

Querschnitt [mm^2]	0,14	0,25	0,50	0,75	1,0	1,5	2,5
max. Strom [A]	1,5	2,5	5,0	13,0	16,0	20,0	27,0

Tab. 5 Belastbarkeit von Kupferleitungen

4.3.1.1 Geschirmte Doppelleitung

Abgeschirmte Leitungen haben allgemein die Aufgabe, magnetische oder elektrische Felder von Signalleitungen durch Reflexionen und Absorptionen fernzuhalten. Worauf man in der Praxis achten sollte, ist in dem Kapitel 10. „Störprobleme" ausführlich behandelt.

Bei der geschirmten Doppelleitung hat man einen separaten Hin- und Rückleiter und zusätzlich einen Schirm, der potentialmäßig mit der Signalmasse verbunden sein kann.

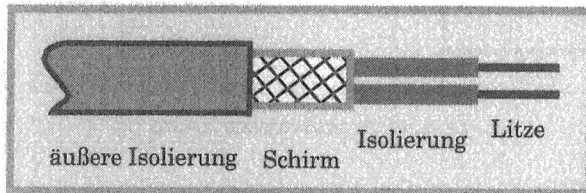

Abb. 18 Geschirmte Doppelleitung

4.3.2 Koaxialleitung

Koaxialleitungen (BNC~) werden in der Praxis sehr häufig zur Übertragung elektrischer Signale benutzt. Der Außenleiter dient gleichzeitig zur Abschirmung. Die Isolierung zwischen Innenleiter und dem Schirm bildet das Dielektrikum und die elektrischen Feldlinien sind radial ausgerichtet. Grundsätzlich sind diese Kabel wie in Abb. 19 dargestellt aufgebaut.

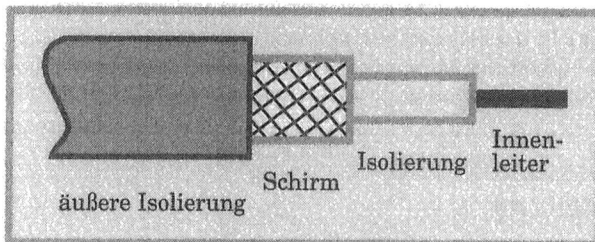

Abb. 19 Koaxleitung

Die elektrischen Eigenschaften hängen primär von 2 Parametern ab:

- μ_r und ε_r des Dielektrikums
- Verhältnis r_i / r_a *(siehe Gl. 20, Seite 19)*

Es wurde in der Einleitung zum Kapitel Leitungen schon auf die Ersatzschaltung, die in erster Näherung die Eigenschaften beschreibt, hingewiesen. Als wichtige Größen gehen der Kapazitäts- und der Induktivitätsbelag ein.

$$\text{Gl. 24} \quad C' = \frac{2\pi\varepsilon_r \cdot \varepsilon_0}{\ln\left(\frac{r_a}{r_i}\right)}$$

$$\varepsilon_0 = 8{,}854 \cdot 10^{-12} \frac{A \cdot s}{V \cdot m}, \quad \varepsilon_r : \text{relative Dielektrizitätskonstante.}$$

$$\text{Gl. 25} \quad L' = \frac{\mu_r \cdot \mu_0}{2\pi} \ln \frac{r_a}{r_i}$$

$$\mu_0 = 1{,}257 \cdot 10^{-6} \cdot \frac{H}{m}, \quad \mu_r : \text{relative Permeabilität}$$

Da der Wellenwiderstand einer Leitung sich aus $\sqrt{\frac{L'}{C'}}$ berechnet, folgt, daß durch die geometrische Anordnung (r_a/r_i) und die verwendeten Materialien (μ_r und ε_r) die charakteristischen Eigenschaften bestimmt werden.

Typ	Wellenwiderstand/ Impedanz (Ω)	Kapazität (pF/m)	Betriebsspannung (kV)	Bemerkung
RG 58	50	100	1,9	Hochfrequenz
RG 59	75	67	2,3	Video
RG 62	93	44	0,75	geringste Kapazität
RG 174	50	100	1,5	Hochfrequenz, kleine Abmessung
RG 179	75	64	1,2	Video, kleine Abmessung

Tab. 6 Gebräuchliche Typen von Koaxleitungen

Als Sonderkoaxialleitungen kommen noch verschiedene andere Ausführungen zum Einsatz:
- Triaxleitung
- doppelt geschirmte Koaxleitung (Antennenleitung)
- Hochspannungsfeste Koaxleitung (bis 30 kV)
- ausheizbare Hochtemperatur-Koaxleitung (Teflon- oder Glasgewebeisolierung)

4.3.3 Triaxleitung

Beim Messen von sehr kleinen Signalen müssen auch auf der Meßstrecke diverse Faktoren berücksichtigt werden, um eine möglichst fehlerfreie Übertragung zu erreichen.

Eine Koaxialleitung besteht aus dem Innenleiter und dem Schirm, der gleichzeitig der Rückleiter ist. Befindet sich nun die Masse der Signalquelle und des Meßgerätes auf unterschiedlichem Potential, würden Ausgleichsströme über den Schirm fließen.

Darum setzt man einen zweiten Schirm ein, der nicht als Rückleiter, sondern nur als Schutzschirm fungiert. Dieser Schirm hat die Aufgabe, elektromagnetische Felder von der Signalleitung fernzuhalten. Der Schirm muß aber beidseitig am Gehäuse auf Erdpotential gelegt werden, um eine optimale Abschirmwirkung gegen elektrische Störfelder zu erreichen.

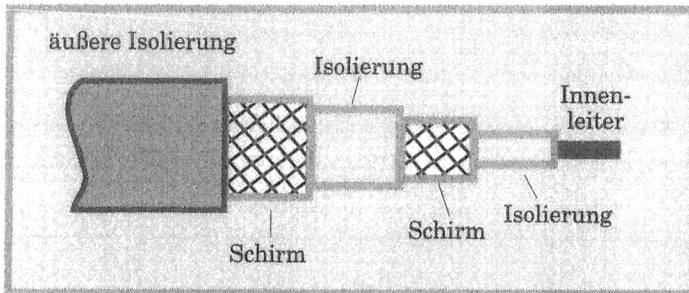

Abb. 20 Mechanischer Aufbau einer Triaxleitung

4.3.4 Spezialleitungen

Ein großes Problem für jeden Techniker und Wissenschaftler im Labor besteht darin, daß zum Messen bzw. zur Versorgung der Apparatur niemals die richtige Leitung zu finden ist und man so gezwungen ist, zum Ausheizen BNC-Leitungen zu benutzen und zum Triggern des Lasers eine Netzleitung einzusetzen.

Trotzdem soll der Form halber an dieser Stelle auf einige Spezialkabel eingegangen werden.

4.3.4.1 Hochspannungsleitung

Werden im Labor Versuche durchgeführt, bei denen entweder zur Versorgung oder zum Messen am Objekt hohe Spannungen (>1000V) übertragen werden, sind in der Regel Spezialleitungen einzusetzen. Bei der Auswahl der Leitung ist darauf zu achten, daß die maximal zulässige Betriebsspannung der Leitung niemals überschritten wird. Es darf auf keinen Fall die in den technischen Spezifikationen angegebene Prüfspannung, die teilweise bis zu 300% über der zulässigen Maximalspannung liegt, angelegt werden. Handelsübliche Hochspannungsleitungen sind häufig koaxial aufgebaut, wobei der Schirm auf Erdpotential liegen sollte.

Wenn im Labor mit hoher Spannung gearbeitet wird, sei es zum Versorgen einer Apparatur oder beim Messen hoher Spannungen, sind besondere Sicherheitsmaßnahmen zu beachten, da Lebensgefahr besteht. In diesem Zusammenhang muß dringend darauf hingewiesen werden, daß man beim Auftreten von hohen Spannungen neben der richtigen Leitung auch die entsprechenden spannungsfesten Steckverbinder benutzen muß. Die sehr verbreiteten "BNC Leitungen" haben eine Spannungsfestigkeit von 1,9 kV, BNC-Stecker sind aber nur bis 500 V_{eff} spezifiziert. Für höhere Spannungen bis 1,6 kV_{eff} kann man MHV Stecker benutzen, die allerdings leicht mit BNC Steckern verwechselt werden können und daher möglichst nicht benutzt werden sollten. Bis 3,5 kV_{eff} kann man die SHV-Stecker ein-

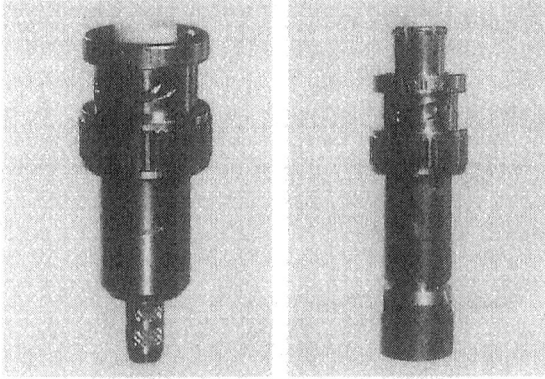

Abb. 21 links MHV- und rechts SHV-Stecker

setzen[7]. Die Belastbarkeit dieser Koaxsteckverbinder liegt im Bereich von 10A. Werden höhere Spannungen benötigt, gibt es handelsübliche Steckverbinder bis zu Spannungswerten von 50 kV *(siehe 12.6, Seite 145)*.

4.3.4.2 Flachbandleitung

In der Datenübertragung, speziell im Bereich von Computerschnittstellen, werden häufig Flachbandleitungen eingesetzt. Ihr großer Vorteil liegt im einfachen Konfektionieren: 60-polige Leitungen werden in einem einzigen Quetschvorgang in Schneid-Klemmtechnik mit sogenannten Pfostenverbindern versehen.

Abb. 22 Flachbandleitung

In der Datentechnik sind die Übertragungseigenschaften dieser Leitungen meistens ausreichend, um auch hohe Datenraten zu übertragen. In der Meßtechnik weisen diese Kabel bei der Übertragung analoger Signale aber verschiedene Nachteile auf:

- Fehlende Abschirmung
- Übersprechen

Die Computer, die im Labor zum Messen eingesetzt werden, besitzen in der Regel Schnittstellenkarten, die digitale und analoge Ein- bzw. Ausgänge haben, wobei als Steckverbinder auch für empfindliche analoge Meßsignale meistens nur einfache Pfostenverbinder oder D-Sub-Stecker vorgesehen sind *(siehe 9.7.1, Seite 119)*. In einer elektromagnetisch verseuchten Umgebung kann man dann spezielle abgeschirmte Flachbandleitungen einsetzen. Bedingt durch den Aufbau besteht aber eine starke kapazitive Kopplung zwischen den einzelnen Adern, die sowohl bei digitalen als auch analogen Signalen zu gegenseitigem Übersprechen, d.h. größeren Störungen der Messung führen kann. Daher ist der Einsatz von koaxialen Leitungen bei empfindlichen Messungen unbedingt vorzuziehen.

Abb. 23 Flachbandleitung, abgeschirmt

In vielen Fällen kann auch die sogenannte "twisted pair"-Leitung benutzt werden, wobei darauf zu achten ist, daß jeweils eine Signalleitung und eine Masseleitung "getwistet" ist, um die Unterdrückung von Störungen zu optimieren.

Abb. 24 Twistet pair Leitung

4.3.4.3 Thermoausgleichsleitung

Die Temperaturmessung kann auf verschiedene Weise erfolgen *(siehe 6., Seite 36)*. Ein sehr häufig angewandtes Verfahren besteht im Messen der Temperaturdifferenz zwischen der Meßstelle T_1 und der Vergleichsstelle T_2 mit Hilfe von Thermoelementen.

Üblicherweise führt man die Thermoelemente nur bis zu einer Anschlußstelle, beispielsweise bis zur Durchführung an der UHV-Kammer, und überträgt die Thermospannung von da an mit Hilfe einer Ausgleichsleitung bis zur Vergleichsstelle T_2. Diese Ausgleichsleitungen haben bis 200°C Umgebungstemperatur die gleichen thermoelektrischen Eigenschaften wie Thermoelemente (s. DIN 43714).

Zur Kennzeichnung gibt es für jede Ausgleichsleitung eine spezifische Farbe der äußeren Isolierung, die identisch mit der Thermoelementkennfarbe ist. In Tab. 7 werden die gängigen Ausgleichsleitungen aufgeführt. Seit Januar 1994 gilt eine weltweit einheitliche Normierung. Der negative Pol aller Ausgleichsleitung hat immer als Kennfarbe eine weiße Isolierung. Die alten Kennfarben nach DIN sind in Klammern noch aufgeführt. Bei der Ausgleichsleitung für das Thermoelement Typ K ist der negative(ws) Schenkel magnetisch. Die entsprechenden Materialien werden in Tab. 10 „Wichtige Thermoelementpaare" aufgeführt.

Typ	Kennfarbe äußerer Mantel	+ Kennfarbe	- Kennfarbe
B	grau (grau)	grau (rot)	weiß (grau)
E	violett (orange)	violett (orange)	weiß (rot)
J	schwarz (schwarz)	schwarz (weiß)	weiß (rot)
K	grün (grün)	schwarz (rot)	weiß (magn.) (grün)
N	rosa (rot)	rosa (gelb)	weiß (rot)
R	orange (weiß)	orange (rot)	weiß (weiß)
S	orange (weiß)	orange (rot)	weiß (weiß)
T	braun (braun)	braun (rot)	weiß (braun)

Tab. 7 Kennfarben der Ausgleichsleitungen (in Klammern: die alte Norm)

4.3.4.4 Videoleitung

Für die Verbindung von Geräten wie Kamera, Videorecorder oder frame grabber bei der Bildverarbeitung werden in der Regel Koaxialleitungen mit einem Wellenwiderstand von 75Ω eingesetzt. Die Leitungsbezeichnung ist RG 59 oder RG 179 *(siehe 4.3.2, Seite 22)*. Andere Kabel führen zu Fehlanpassungen und verschlechtern die Bildqualität durch Reflexion oder Dämpfung der Amplitude.

4.3.4.5 Strommeßleitung

Beim Messen von kleinen Strömen ist auf der Meßstrecke besonders auf Fehlerquellen zu achten.

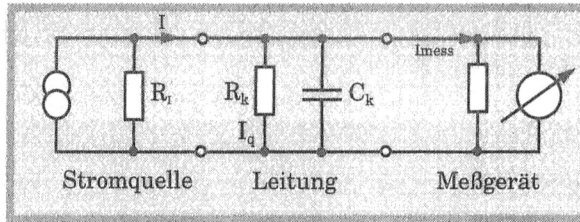

Abb. 25 Ersatzschaltung einer Meßstrecke

Die beiden Leitungen müssen gegeneinander sehr gut isoliert sein, so daß R_k sehr groß ist, damit I_Q sehr viel kleiner als I_{mess} ist.

Auf der anderen Seite muß vermieden werden, daß die Leitung selbst einen Strom generiert. Das kann beispielsweise dann passieren, wenn die Leitung bewegt wird und durch die Reibung zwischen Leiter und Isolation freie Elektronen eine Ladungsverschiebung verursachen, die damit einen *Fehlerstrom* generiert. Strommeßkabel sollten deshalb mit einem "Schmierfilm" -beispielsweise aus Graphit- versehen sein, um das Entstehen von Reibungsladungen zu vermeiden [19].

4.3.4.6 Wärmebeständige Leitungen

Es ist häufig notwendig, Leitungen in Bereichen einzusetzen, in denen höhere Temperaturen auftreten. Beispielsweise ist das in oder um Ultrahochvakuumkammern der Fall, wenn diese ausgeheizt werden. Übliche Standardleitungen haben eine maximale Betriebstemperatur von 80-100° C. Werden höhere Temperaturen erreicht, müssen spezielle Isoliermaterialien eingesetzt werden.

Isolierung	min. Temperatur	max. Temperatur
Teflon	-180°C	+250°C
Silikon	-100°C	+250°C
Glimmer, Glasseide	-55°C	+800°C

Tab. 8 Betriebstemperaturen von Isoliermaterialien

5. Meßwertverarbeitung

Der gesamte Aufbau der Signalverarbeitung ist häufig sehr umfangreich, da mehrere komplexe Einheiten zur Meßapparatur gehören. Angefangen von dem zu untersuchenden Experiment, bei dem man Veränderungen an einer Probe oder deren Umgebung registrieren will, setzt man, je nach Meßgröße, einen passenden Sensor ein. Dieser liefert meist eine Spannung oder einen Strom, der sich proportional zur physikalischen Größe ändert. Anschließend wird diese elektrische Größe verstärkt, um dann direkt oder über Rechenverstärker weiterverarbeitet zu werden.

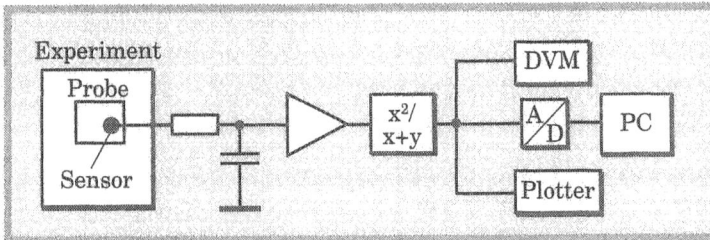

Abb. 26 Prinzipieller Aufbau einer Meßstrecke

Danach kann eine Registrierung über ein Ausgabegerät in Form eines Schreibers oder Digitalvoltmeters erfolgen; eine Analog-Digital-Wandlung macht eine Auswertung mit Hilfe eines Computers möglich. So einfach - so gut! In der Praxis ist aber die Meßstrecke häufig viel komplexer, da viele Randbedingungen für ein korrektes Messen berücksichtigt werden müssen. Dazu gehören u.a. folgende:
• das Sensorsignal ist stark gestört
• das Sensorsignal ist sehr schnell
• der Sensor (Probe) liegt auf hohem Potential
• das Sensorsignal ist nicht linear
• mehrere Sensoren sind gleichzeitig zu registrieren
• die Übertragungsstrecke ist stark gestört
• der Analog-Digital-Wandler hat eine begrenzte Auflösung
Auf diese Probleme wird in den folgenden Kapiteln ausführlicher eingegangen.

5.1 Sensoren

Für die Beobachtung physikalischer Vorgänge gibt es eine große Anzahl von Sensoren, deren ausführliche Erklärung anderen Spezialbüchern vorbehalten bleiben soll. Über die Temperaturmessung mit den verschiedenen Sensoren wird in Kapitel 6. eingegangen. Sensoren werden in zwei Hauptgruppen eingeteilt: *passive* und *aktive*.

5.1.1 Passive Sensoren

Bei passiven Sensoren werden elektrische Effekte wie Kapazität, Induktivität, Widerstand und der Halleffekt ausgenutzt.

Ein Widerstand läßt sich sehr gut für Weg-, Winkel- und Temperaturmessung einsetzen; ebenso ist er gut als Feuchte- und Lichtmesser zu benutzen. Das Widerstandsmaterial wird für jede einzelne Aufgabe entsprechend gewählt. Bei der Wegmessung läßt man einen Abgriff über einen Widerstand schleifen und kann, je nach Position, einen Widerstandswert feststellen, der proportional zum zurückgelegten Weg ist. Bei der Feuchtemessung kann mit zwei Sonden der Widerstand eines Materials festgestellt werden, der abhängig vom Wassergehalt ist.

Fotowiderstände bestehen aus Halbleitermaterial und ändern ihren Wert um 3 Größenordnungen pro 100 Lux [11].

5.1.2 Aktive Sensoren

Unter aktiven Sensoren versteht man Bauelemente, die proportional zu einer physikalischen Größe selbst eine Spannung oder einen Strom liefern. Dazu gehören u.a.:

- Thermoelemente
- Piezokeramiken
- Fotoelemente (Selenzellen)
- Elektrodynamische Sensoren (Spulen)

Fotodioden sind optische Sensoren, deren Wirkungsweise auf dem inneren fotoelektrischen Effekt beruht. Durch Absorbtion werden an dem P-N[a]-Übergang Ladungen getrennt und die Raumladungszone wird vergößert. Durch die Trennung der Ladungen entsteht eine Fotospannung, die an den äußeren Anschlüssen abgegriffen werden kann. Dieses Fotoelement wird als Energiequelle in Form von Solarzellen eingesetzt. Der Zusammenhang zwischen Belichtung und Fotospannung ist nicht linear.

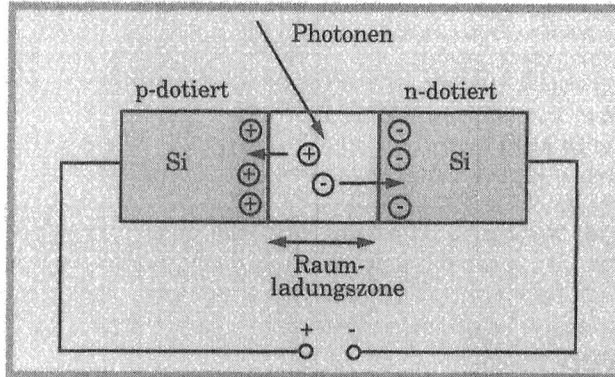

Abb. 27 Prinzipieller Aufbau einer Fotodiode (als Fotoelement geschaltet)

In der Meßtechnik wird die Fotodiode in Sperrichtung betrieben, da der Fotostrom über mehrere Größenordnungen linear mit der Belichtung ansteigt. Die Empfindlichkeit liegt in der Größenordnung von 100nA/lx. Der P-N-Übergang hat eine Sperrschichtkapazität, die sich beim Messen schneller Vorgänge negativ bemerkbar macht. Diese Kapazität kann

---

a. P und N dotierte Halbleiter: P-dotiert bedeutet, daß 5-wertige Atome als Donatoren in das Kristallgitter des Si- Kristalls eingebaut werden. Bei N-dotierten werden entsprechend 3-wertige Atome als Aktzeptoren implantiert.

durch Anlegen einer Hilfsspannung in Sperrichtung verringert werden *(siehe Abb. 28)*.

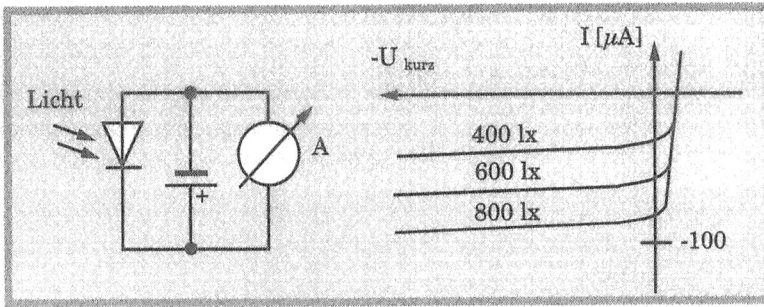

Abb. 28 Fotodiode im Kurzschlussbetrieb mit Hilfspannung und Kennlinie

Ein weiteres Konzept wird in einem Sensortyp verwirklicht, das folgendermaßen aufgebaut ist:

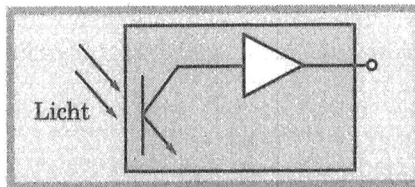

Abb. 29 Prinzip eines aktiven Fotosensors

In der Abb. 29 sieht man einen aktiven Sensor (Fototransistor), der mit einem Verstärker direkt gekoppelt und in einem Gehäuse integriert ist. Der Vorteil dieses Aufbaus liegt darin, daß das empfindliche Meßsignal sofort verstärkt wird und durch die höheren Pegel sich Störeinflüsse auf diese Art und Weise gut minimieren lassen.

5.2 Vorverstärker

Bei der Weiterverarbeitung des Sensorsignals muß man bei der Auswahl des Verstärkers mehrere Faktoren berücksichtigen:
• wie schnell ändert sich das Sensorsignal
• wie groß ist die Anstiegszeit
• wie groß ist der Quellwiderstand
• wie hoch liegt das Sensorpotential
Allgemein sollte beim Aufbau der Meßstrecke die Bandbreite der Verstärker nicht größer als das schnellste zu messende Signal sein.
Bei einer Temperaturmessung ist es im allgemeinen nicht sinnvoll, Signale oberhalb einer Bandbreite von einigen Hz zu verstärken, da sich die Temperatur nur sehr langsam ändert und man bei höheren Frequenzen nur Störsignale registriert. Deswegen sind unbedingt Tiefpaßfilter einzusetzen.
Besitzt das zu messende Signal kurze Anstiegszeiten, beispielsweise bei elektromagneti-

scher Strahlung wie Licht o.ä., muß der Verstärker sehr schnell sein. Die Signalanstiegszeiten können sich im Bereich von ns bis zu ps bewegen.

Der Quellwiderstand des Sensors spielt bei schnellen, hochauflösenden Messungen eine bedeutende Rolle, da die Rauschspannung *(siehe Kapitel 2.2.1, Seite 3)*, die dieser Widerstand erzeugt, voll in die Messung mit eingeht:

Beispiel: Mit welcher Rauschspannung muß gerechnet werden, wenn die Quelle einen Innenwiderstand von 1MΩ hat, und die Messung bei einer Bandbreite von 500kHz durchgeführt werden soll?

$$U_{Reff} = 0,128\sqrt{R\Delta F}[nV] = 90,5\,\mu V$$

$$U_{Rpp} = U_{Reff} \cdot 6 = 0,543\,mV$$

Daran sieht man, daß es sehr problematisch sein kann, wenn das Meßsignal sich nur um sehr kleine Werte ändert: es geht im Rauschen unter. Das Rauschsignal setzt sich im Gegensatz zur Meßgröße aus einem breitbandigen Frequenzspektrum zusammen. In diesen Fällen sind besondere, aufwendige Meßverfahren, wie z.B. *Lock In Verstärker* einzusetzen. Dieser Verstärker arbeitet nach dem Prinzip der phasenempfindlichen Verstärkung eines Wechselspannungssignals. Das bedeutet, daß das Meßsignal mit einer Referenzspannung, deren Frequenz und Phasenlage bekannt sind, moduliert wird. Das Meßsignal U_{in} gelangt über den Eingangsverstärker V_1 zum Bandpaß mit der jeweiligen Mittenfrequenz ω_{ref}.

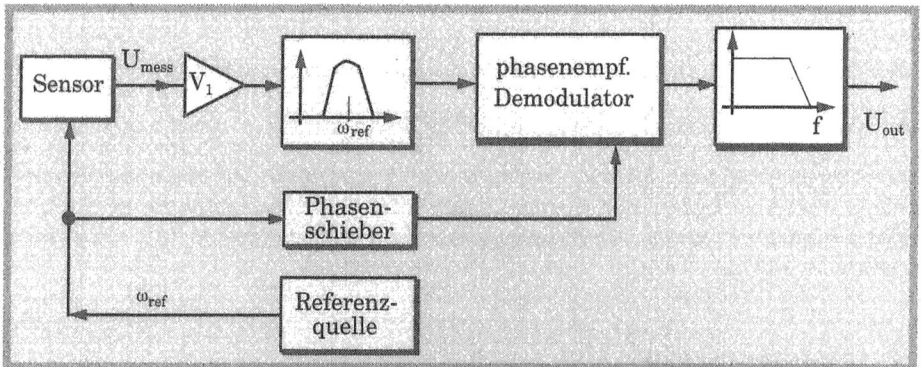

Abb. 30 Prinzip eines einfachen Lock-In-Verstärkers

An dieser Stelle werden bereits viele Rauschanteile gefiltert. Anschließend gelangt das Signal an das entscheidende Teil des Lock-In-Verstärkers: den Demodulator. In dieser Baugruppe wird das vorgefilterte Meßsignal mit dem frequenzgleichen Referenzsignal multipliziert.

Das Ergebnis dieser Operation ist ein Signal, das sich aus Anteilen der Summen- und Differenzfrequenzen beider Signale zusammensetzt. Sind beide Frequenzen identisch, erhält man eine pulsierende Gleichspannung, deren Welligkeit im folgenden Tiefpaßfilter (mit der Grenzfrequenz fg ≈ 0 Hz) eliminiert wird. Am Ausgang steht eine dem Meßsignal proportionale und vom Rauschen gefilterte Gleichspannung zur weiteren Verarbeitung zur Verfügung.

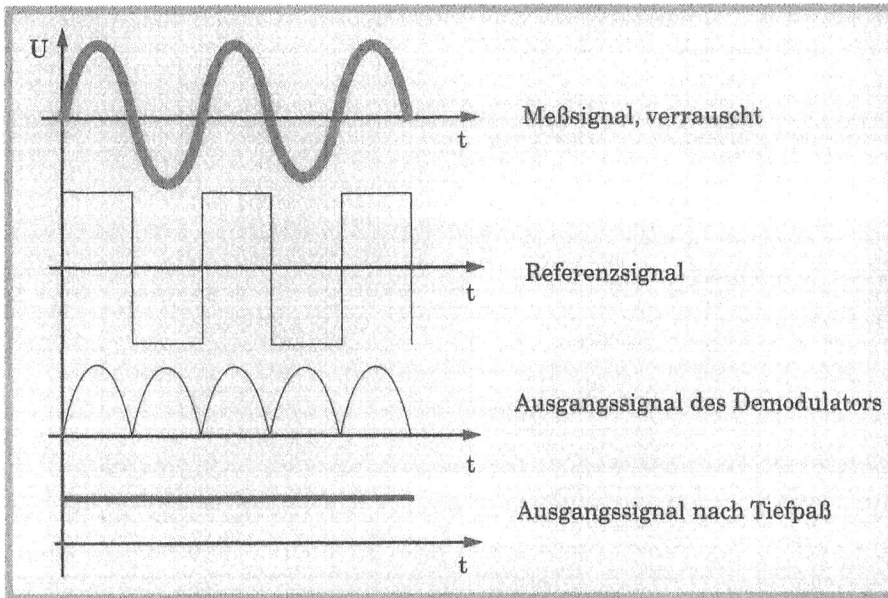

Abb. 31 Spannungsverläufe im Lock-In-Verstärker bei phasengleichem Meß- und Referenzsignal

Nur wenn beide Signale exakt in Phase sind, erhält man das maximale Ausgangssignal. Um die Phasenlage des Referenzsignals manipulieren zu können, benutzt man einen manuellen oder automatischen Phasenschieber. Das Ausgangssignal ist somit abhängig von der Phasendifferenz zwischen diesen beiden Signalen und bleibt nur dann konstant, wenn die Phasendifferenz auch konstant bleibt. Das Meßsignal und die Referenzspannung sind so miteinander gekoppelt [15]. Es handelt sich dabei also um einen stark selektiven Verstärker, der wie ein Bandpaß arbeitet, dessen Mittenfrequenz von dem Referenzsignal festgelegt wird.

Ein anderes Meßproblem tritt auf, wenn ein Sensor auf hohem Potential liegt, da die zu untersuchende Probe, aus welchen Gründen auch immer, nicht geerdet sein darf. In diesen Fällen gibt es zwei übliche Methoden: bis ca. 4 kV kann das Meßsignal über Trennverstärker übertragen werden *(siehe 10.6, Seite 131)*. Bei höheren Spannungen kann das Signal in eine Frequenz umgewandelt werden, um dann mit einem Lichtwellenleiter auf die Auswerteelektronik übertragen zu werden [24].

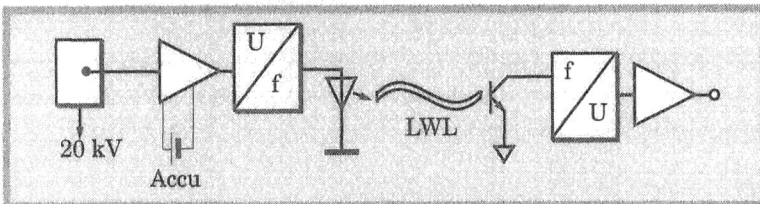

Abb. 32 Messen auf hohem Potential mit LWL-Strecke

Weiterhin ist es oft sinnvoll, in der ersten Stufe der Meßstrecke Differenzverstärker einzusetzen: es werden nur Änderungen des Meßsignals, nicht aber Gleichspannungsanteile registriert *(siehe 8.7.1, Seite 84)*. Zusätzlich werden niederfrequente Störsignale, die auf die Leitungen induziert werden, eliminiert.

5.3 Übertragungsstrecke

Beim Aufbau der Meßstrecke sollte der Übertragungsweg immer so kurz wie möglich gehalten werden, um elektromagnetische Einstreuungen zu vermeiden. Das Meßsignal wird außerdem durch die Kapazität und den Ohmschen Widerstand der Leitung beeinflußt. Bei der Auswahl des Kabels muß ferner auf die richtige Anpassung geachtet werden. Eine Quelle, beispielsweise ein Wechselspannungsgenerator, hat meistens einen Ausgangswiderstand von 50Ω. In diesem Fall muß auch das Kabel einen Wellenwiderstand von 50Ω haben *(siehe 4.1, Seite 19)*, um eine korrekte Signalübertragung zu gewährleisten.

Handelt es sich bei Meßgrößen um Spannungen und ist damit der Eingang des Verstärkers hochohmig, sind möglichst geschirmte Leitungen zu benutzen. Beim Messen von kleinen Strömen muß vermieden werden, daß Leckströme über den endlichen Widerstand der Isolierung abfließen. Extrem hochohmige Isoliermaterialien haben allerdings den Nachteil, daß durch Reibung Ladungen erzeugt werden. Dies geschieht durch Bewegung des Kabels, wobei die Isolierung des Innenleiters gegen den Außenleiter verschoben wird. Dieses Phänomen kann zu Fehlmessungen führen *(siehe 4.3.4.5, Seite 28)*.

5.4 Datenempfänger

Die verstärkten und gefilterten Meßspannungen werden von einem *Datenempfänger* registriert und entsprechend weiterverarbeitet. Es kann sich dabei um jede Form von Meßgerät handeln. Unabhängig davon, ob es ein Digitalvoltmeter, ein Schreiber oder ein Computer ist, muß dieses Gerät für die Messwertverarbeitung gut angepaßt sein.

Ein Digitalvoltmeter ist zum Messen von Gleichspannungen sehr gut geeignet. Auch sinusförmige Wechselspannungen lassen sich in einem begrenzten Frequenzbereich relativ genau erfassen. Ist aber die Signalform der Spannung nicht bekannt, dann sind die gemessenen Werte sehr vorsichtig zu beurteilen. Meßgrößen mit steilen Flanken enthalten sehr hohe Frequenzanteile, die zu sehr großen Meßfehlern führen können. In diesen Fällen muß ein Meßgerät ausgewählt werden, daß echte Effektivwertmessung in einem großen Frequenzbereich machen kann. Diese Angaben sind dem Manual des Herstellers zu entnehmen.

Oszilloskope sind zur Analyse von frequenzabhängigen Meßsignalen am besten geeignet. Sie haben eine sehr hohe Bandbreite, hochwertige Eingangsverstärker und ermöglichen durch die Darstellung des Signalverlauf eine exakte Auswertung.

In der heutigen Meßtechnik werden immer häufiger Computer zur Meßwerterfassung und Auswertung eingesetzt. Damit die analogen Meßwerte erfaßt werden können, sind Analog-Digital-Wandler notwendig, deren Spezifikationen für die jeweilige Meßaufgabe optimiert sein muß. Die Wandelgeschwindigkeit spielt eine sehr wichtige Rolle *(siehe 9.3.8, Seite 102)*.

Sollen mehrere Sensorsignale von einer Auswerteeinheit verarbeitet werden, setzt man im Allgemeinen Multiplexer ein. Dabei handelt es sich um elektronische Umschalter, die allerdings die Bandbreite des gesamten Meßaufbau einschränken: hat beispielsweise der

Analog-Digital-Wandler eine Bandbreite von 100 kHz und damit eine Wandelzeit von $10\mu s$, so braucht man zur Abfrage von vier Eingangskanäle $40\mu s$.

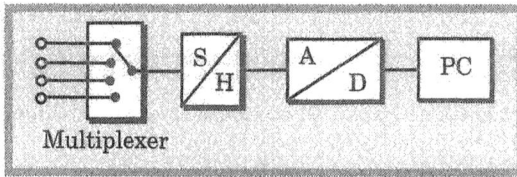

Abb. 33 Meßwerterfassung mehrerer Signalquellen

Der Analog-Digital-Wandler benötigt eine endliche Zeit, um die analoge Spannung in einen digitalen Wert umzuwandeln. Ändert sich das Meßsignal sehr schnell, muß für eine korrekte Messung zusätzlich ein *sample/hold* Verstärker eingesetzt werden *(siehe 9.5, Seite 114)*, um den Meßwert für die gesamte Wandelzeit stabil zu halten.

6. Temperaturmessung

6.1 Einleitung

Bei sehr vielen Experimenten spielt die Temperatur eine entscheidende Rolle; viele Reaktionen laufen nur in einem genau definierten Temperaturbereich ab. Dazu ist es oft notwendig, über einen großen Bereich exakt die Probentemperatur zu registrieren.

Um Temperaturen messen zu können, macht man sich die temperaturabhängigen Eigenschaften fester, flüssiger oder gasförmiger Stoffe zunutze. Beispielsweise registriert man die Änderung der mechanischen Abmessung oder elektrischen Eigenschaften.

Welches Meßverfahren für das jeweilige Experiment geeignet ist, muß im Einzelfall nach Prüfung der Randbedingungen entschieden werden. Es ist wenig sinnvoll zu versuchen, von 0K bis 2000K mit einem Meßverfahren die Temperatur genau zu messen. Welches Normalmaß läßt sich nun bei der Temperaturmessung einführen? Dazu muß ein Nullpunkt definiert werden, der so genau wie möglich ist und jederzeit reproduzierbar eingestellt werden kann. Relativ zu diesem Fixpunkt kann man eine Temperaturskala definieren, deren Einheit das Kelvin [K] ist. Er ist festgelegt als der 273,16te Teil der Temperatur des Tripelpunktes des Wassers. Dieser Tripelpunkt des Wassers wird als Fixpunkt definiert und läßt sich in einem DEWAR-Gefäß mit einem Fehler kleiner als 0,1mK einstellen [6].

6.2 Widerstandsthermometer

Wird die Temperatur mit Widerstandsmeßfühlern gemessen, nutzt man die Temperaturabhängigkeit des Widerstandes von Materialien aus und führt einen materialspezifischen Temperaturkoeffizienten α ein. Mit diesem ergibt sich die relative Widerstandsänderung in Abhängigkeit von der Temperatur.

$$Gl.\ 26 \quad R_\vartheta = R_0(1 + \alpha \cdot \Delta t)$$

R_ϑ : Widerstand bei Meßtemperatur ϑ [Ω]

R_0: Widerstand bei Bezugstemperatur ϑ=0°C [Ω]

α: Temperaturkoeffizient in 1/K

Δt: Differenz der Temperatur zwischen Meß- und Bezugspunkt

Als Widerstandsmaterial wird im allgemeinen Platin oder Nickel eingesetzt, da diese Elemente einen hohen Temperaturkoeffizienten, gute Reproduzierbarkeit und Langzeitstabilität besitzen. Messungen mit einer Genauigkeit von 0,001K sind im Bereich von -260°C und +630°C möglich.

Der Temperaturkoeffizient (TK) von Platin liegt bei ca. 0,39%/ K [6].

6.2.0.1 Bauformen

Temperaturmeßwiderstände werden in den verschiedensten Ausführungen angeboten. Es gibt unterschiedliche Bauformen, die für die jeweiligen Meßaufgaben optimiert sind. Außerdem werden diverse elektrische Spezifikationen angeboten: Pt100, Ni 1000 u.v.m. Die Zahl nach der Bezeichnung für das Element definiert den spezifischen Widerstand bei 0°C in Ω. Bei diesen Sensoren wird auch nach verschieden Genauigkeitsklassen unterschieden, deren Einzelheiten in der DIN-Norm 43760 spezifiziert sind.

Bei der Auswahl des Sensors sollten folgende Fragen berücksichtigt werden:

* müssen schnelle Temperaturänderungen registriert werden, so sollte der Sensor eine möglichst kleine Masse haben.
* sind Temperaturen in (aggressiven) Gasen oder Flüssigkeiten zu messen, muß das Thermometer in einem Schutzrohr gelagert sein.
* Ähnliche Überlegungen müssen bei der UHV - Tauglichkeit und der Ausheizbarkeit gemacht werden.

6.2.0.2 Meßaufbau

Bei einer Temperaturmessung mit Hilfe von Widerstandsmeßfühlern ist folgender Aufbau im Prinzip immer anzuwenden:

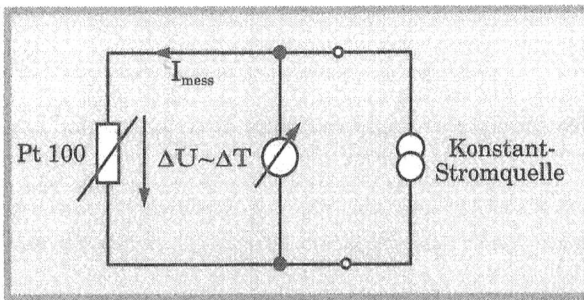

Abb. 34 Prinzipschaltung: Temperaturmessung mit einem Widerstand

In dem Aufbau Abb. 34 wird von der Stromquelle ein konstanter Strom geliefert, der an dem Meßwiderstand einen Spannungsabfall erzeugt. Bedingt durch das Ohmsche Gesetz: $U = R \cdot I$ ist der Spannungsabfall linear von ΔR abhängig (bei I=const.). Die Temperatur wird also über die Spannung, die am Meßwiderstand abfällt, gemessen und durch eine geeignete Schaltung in °C oder K skaliert. Bei dieser Methode tritt folgendes Problem auf: die Zuleitungen werden vom Meßstrom durchflossen.

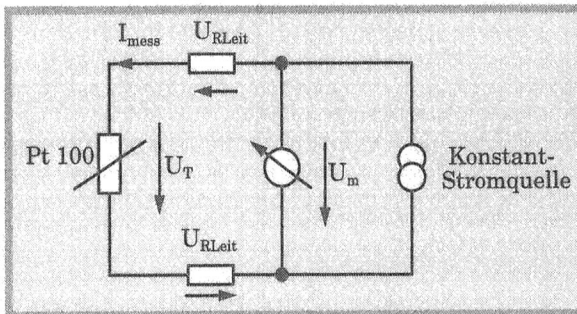

Abb. 35 Probleme bei der Temperaturmessung: $U_m = U_T + 2U_{RLeit}$

Sie bilden einen zusätzlichen (temperaturabhängigen) Widerstand, der in die Messung miteingeht *(siehe Abb. 35)*. Dieser Leitungswiderstand läßt sich nicht einfach kompensieren.

Um diesen Fehler, der durch die Leitungswiderstände verursacht wird, zu vermeiden, wird die "Vierleiterschaltung" benutzt.

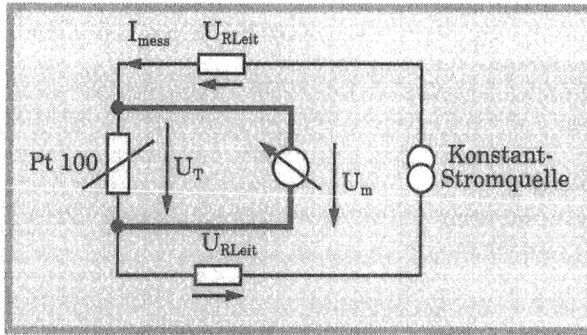

Abb. 36 Prinzipschaltung für 4-Leitermeßtechnik

Der Spannungsabfall wird direkt am Meßwiderstand abgegriffen. Da der Eingang des Spannungsmeßgerätes sehr hochohmig ist, fließt über diese Leitung so gut wie kein Strom. Die Spannungsabfälle an der Zuleitung spielen keine Rolle mehr.

Ein weiteres Problem bei dieser Meßmethode besteht darin, daß in dem Sensor eine Leistung umgesetzt wird. Das Produkt aus dem Strom I_{Mess} und der Spannung U_T ist eine Leistung, die in Wärme umgesetzt wird. Bei hochauflösenden Messungen muß dieser Einfluß berücksichtigt werden.

Beispiel: Ein Pt100 Sensor hat bei 400°C einen Widerstand von 247,04Ω. Der Meßstrom I_M soll 5mA betragen. Daraus ergibt sich folgende Leistung, die in Wärme umgesetzt wird:

$$W = I^2 \cdot R = (5\text{mA})^2 \cdot 247,04\Omega = 6,176\text{mW}$$

Diese Leistung wird der thermisch gekoppelten Probe zugeführt und verursacht einen Meßfehler. Bei dem obigen Beispiel würde sich ein Mantel-Widerstandelement (∅ 3mm) in der Umgebung von Luft um 0,67°C erwärmen! [8]

Um Störungen zu vermeiden, ist beim Aufbau der Meßschaltung folgendes zu beachten: die Spannung, die am Sensor gemessen wird, wird einem hochohmigen Verstärker oder Meßgerät zugeführt. Diese Leitung ist natürlich sehr empfindlich gegenüber elektromagnetischen Störfeldern. Man kann sie weitgehend abschirmen, indem man paarig verseilte (twisted pair) und abgeschirmte Kabel benutzt.

In *(siehe Tab. 9, Seite 39)* sind einige Werte für PT 100 Widerstände aufgeführt.

| °C | 0 | 10 | 20 | 30 | 40 |
	50	60	70	80	90
-200	18,49	14,45	10,49	6,99	4,26
	2,51				
-100	60,25	56,19	52,11	48,00	43,87
	39,71	35,53	31,32	27,08	22,80
-0	100,00	96,09	92,12	88,22	84,27
	80,31	79,33	72,33	68,33	64,30
+0	100,00	103,90	107,79	111,67	115,54
	119,40	123,24	127,07	130,89	134,70
+100	138,50	142,29	146,06	149,82	153,58
	157,31	161,04	164,76	168,46	172,16
+200	175,84	179,51	183,17	186,82	190,45
	194,07	197,69	201,29	204,88	208,45
+300	212,02	215,57	219,12	222,65	226,17
	229,67	233,17	236,65	240,13	243,59
+400	247,04	250,48	253,90	257,32	260,72
	264,11	267,49	270,86	274,22	277,56
+500	280,90	284,22	287,53	290,83	294,11
	297,39	300,65	303,91	307,15	310,38
+600	313,59	316,80	319,99	323,18	326,35
	329,51	332,66	335,79	338,92	342,03
+700	345,13	348,22	351,30	354,37	357,42
	360,47	363,50	366,52	369,53	372,52
+800	375,51	378,48	381,45	384,40	387,34
	390,26				

Tab. 9 Widerstandwerte in Ω für Pt 100 nach DIN 43760, IEC 571

6.2.1 Thermistoren

Diese Bausteine sind *"thermisch sensitive Widerstände"*. Sie besitzen einen positiven (PTC-Thermistor: positive temperature coefficient) oder negativen (NTC-Thermistor: negative temperature coefficient) Temperaturkoeffizienten. PTC-Widerstände weisen eine starke Nichtlinearität auf, sie sind daher für Meßzwecke nicht geeignet, werden aber als Temperaturschalter häufig benutzt.

NTC-Widerstände[a] werden aus Halbleitermaterialen -ohne Sperrschicht- hergestellt und haben daher einen hohen negativen Temperaturkoeffizienten von ca. -4%/K. Die Empfindlichkeit ist damit um den Faktor 10 größer als beim Platinwiderstand. Der typische Meßbereich liegt zwischen -100°C und +450°C. In Brückenschaltungen werden die Thermistoren häufig zu empfindlichsten Messungen eingesetzt, um eine hohe Auflösung zu erreichen.

---

a. Diese NTC-Thermistoren bestehen aus einem Halbleitermaterial und nicht aus einem PN-Übergang und werden daher nicht zu den Halbleitertemperaturfühlern gezählt.

6.3 Halbleitertemperaturfühler

Die Temperaturabhängigkeit von Transistoren, eine in der Praxis im allgemeinen sehr negative Eigenschaft, kann direkt zum Temperaturmessen ausgenutzt werden.
Am PN-Übergang eines Halbleiters entsteht die sogenannte "Temperaturspannung" U_T:

$$Gl.\ 27 \quad \boxed{U_T \cdot e = k \cdot T}$$

$$k = 8{,}62 \cdot 10^{-5}\ eV/K$$

Diese Spannung muß zu der Durchlaßspannung U_D addiert werden.Dieser Ausdruck gibt die mittlere thermische Energie eines Elektrons bei der Temperatur T wieder. Daraus folgt, daß die Spannung U_{BE} proportional zur absoluten Temperatur verläuft.
Einfache Temperaturfühlerschaltungen lassen sich so auch gut mit bipolaren[a] Halbleitern aufbauen. Die Basis-Emitterstrecke eines Transistors ändert die Durchlaßspannung mit ca. 2,2mV/K. Diese Eigenschaft wird in einfachen integrierten Schaltungen eingesetzt. Der prinzipielle Aufbau sieht folgendermaßen aus:

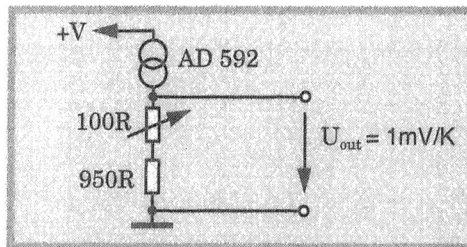

Abb. 37 Halbleiter als Stromquelle mit 1µA/K (1mV/K)

6.4 Thermoelemente

6.4.1 Einleitung

Unter Thermoelementen versteht man Temperaturfühler, die aus zwei elektrischen Leitern verschiedener Materialien bestehen und die eine von der Temperatur abhängige "Thermospannung" liefern[b]. Dieser thermoelektrische Effekt wurde von *Seebeck* entdeckt: man stelle sich zwei elektrische Leiter mit verschiedener Materialzusammensetzung vor, deren Enden miteinander verschweißt sind und die auf unterschiedlichem Temperaturniveau sind *(siehe Abb. 38)*.

---

a. d.h. aus einem PN-Übergang bestehend
b. Diese Spannung wird als thermoelektrische Kraft bezeichnet

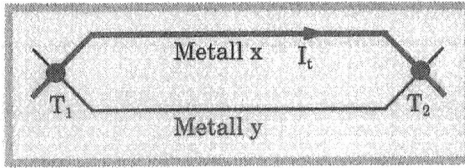

Abb. 38 Erzeugung eines Thermostroms

Es wird ein von der Temperaturdifferenz zwischen den beiden Punkten T_1 und T_2 abhängiger Strom fließen.

Trennt man den einen Leiter auf, so wird eine Thermospannung abhängig von der Temperaturdifferenz an den Punkten T_1 und T_2 *(siehe Abb. 39)* zu messen sein. Dieser Effekt beruht auf der unterschiedlichen Bindung der Elektronen in dem jeweiligen Kristallgitter und ist material- und temperaturabhängig. Ist die Temperatur an einer von beiden Verbindungsstellen bekannt und konstant, dann ist die gemessene Thermospannung U_ϑ ein direktes Maß für die Temperaturdifferenz. Allgemein gilt folgende Beziehung:

Gl. 28
$$U_\vartheta = k \cdot \Delta_\vartheta [\mu V]$$

wobei *k* die Materialkonstante des verwendeten Materials ist.

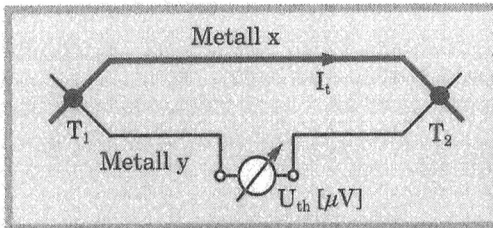

Abb. 39 Messen einer Thermospannung

Man kann prinzipiell aus beliebigen Metallen Thermoelemente herzustellen. Es sind aber für verschiedene Anwendungen und Meßbereiche bestimmte Elemente beziehungsweise Legierungen festgelegt worden. Daher ist der Austausch von Meßfühlern einfach durchzuführen, ohne daß die Auswerteelektronik angepaßt werden muß.

Die zu jedem Thermopaar gehörende Spannung mit den zulässigen Toleranzen ist genormt.

Das zuerst aufgeführte Material ist immer der positive Anschluß. Die genormten Kennfarben sind identisch mit den Farben der Ausgleichsleitung *(siehe Tab. 7, Seite 27)*.

Die mittlere Spannungsänderung bei den verschiedenen Thermoelementpaaren ist unterschiedlich und bewegt sich im Bereich von $7\mu V/K$ und $75\mu V/K$. Die edlen Metalle besitzen eine kleinere elektromotorische Kraft (EMK). Die größten EMK-Werte liefert das Thermoelement Typ E (NiCr / CuNi).

Typ	Material	Symbol	Temperatur °C
K	Chromel / Alumel	NiCr / NiAl	-200..1000
J	Eisen / Konstantan	Fe / CuNi	-40...+750
N	Nicrosil / Nisil	NiCrSi / NiSi	-40...+1300
E	Chromel / Konstantan	NiCr / CuNi	-200...+900
T	Kupfer / Konstantan	Cu / CuNi	-200...+350
S	Platin10Rhodium / Platin	Pt10%Rh / Pt	0...+1600
R	Platin13Rhodium / Platin	Pt13%Rh / Pt	0...1600
B	Platin30Rhodium / Platin6%Rh	Pt30%Rh / Pt6%Rh	0...1700

Tab. 10 Wichtige Thermoelementpaare

6.4.2 Toleranzen

Thermoelemente liefern von den festgelegten Werten abweichende Spannungen. Dies muß beim Meßaufbau berücksichtigt werden. Sie werden von den Herstellern in 3 Kategorien eingeteilt (nach IEC 584): Klasse 1, 2 und 3. Die jeweiligen Abweichungen liegen im spezifizierten Temperaturmeßbereich bei Klasse 1 bei +/- 1,5° oder +/-0,004·T, bei Klasse 2 beträgt sie +/- 2,5° oder +/- 0,0075 · T und bei Klasse 3 +/-2,5°oder +/-0,015·T [9]. Es gilt immer der größere Fehler!

Beispiel: Thermoelement Typ K (NiCr/Ni), Klasse 2; wie groß ist die nach DIN größte zulässige Abweichung bei einer Temperatur von 900° C?
+/- 0,0075 · T = +/- 0,0075 · 900°C = +/- 6,75° C! Das bedeutet, die Temperatur bei einer Thermospannung von 37,325mV (Typ K) liegt zwischen 893,25°C und 906,75°C. Frei nach dem Motto: Genaues weiß man nicht!

Eine deutlich geringere Abweichung bei hohen Temperaturen zeigen die **edlen** Thermopaare (Typ S, R und B): z.B. Klasse 2, Typ S bei 900°C: +/- 2°C!

6.4.3 Linearität

Alle Thermoelemente zeigen ein unterschiedliches **nichtlineares** Verhalten. Das sollte bei der Auswahl berücksichtigt werden. Der Aufwand beim Messen der Temperatur hängt von der Größe der Thermospannung, die je nach Typ sehr unterschiedlich sein kann, und von der Nichtlinearität ab.
In Abb. 40 wird aufgezeigt, wie stark der Thermospannungskoeffizient (μV/K) über der Temperatur aufgetragen je nach Thermopaar variiert.
Um eine richtige Zuordnung zwischen gemessener Thermospannung und der tatsächlichen Temperatur zu erreichen, gibt es verschiedene Möglichkeiten:
• Tabellenwert ablesen
• analoge Linearisierung mittels mehrer Stützpunkte
• digitale Linearisierung durch Hard- oder Software

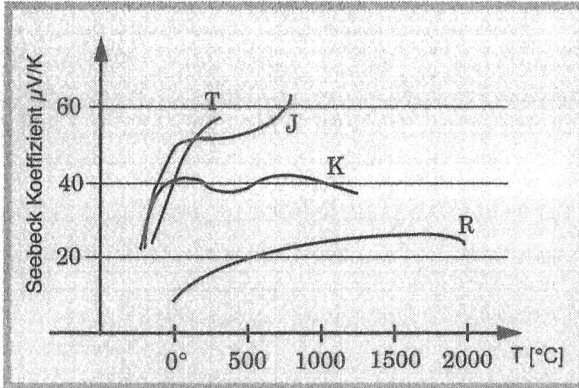

Abb. 40 Thermospannungen verschiedener Thermoelemente [10]

Bei einer separaten Registrierung von Thermospannungen kann bei der Auswertung per Hand jedem gemessenen Wert eine Temperatur aus einer Tabelle zugeordnet werden.
In einem komplexen System, beispielsweise einer Regelstrecke, ist es notwendig, die nichtlinearen Kennlinien so zu kompensieren, daß ein linearer Zusammenhang zwischen "Sollwert" und "Istwert" besteht *(siehe 7.3, Seite 50)*. Soll die Temperatur mit Hilfe eines Computers aufgezeichnet werden, kann die Linearisierung durch die Software vorgenommen werden. In einer Regelschleife ist dieses Verfahren aber häufig zu langsam, da der Ausgang des Reglers den Meßwert verzögert ausgibt.

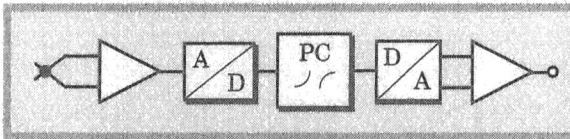

Abb. 41 Blockschaltbild einer digitalen Linearisierung durch Software

Ein Rechnerprogramm kann beispielsweise die korrekte Zuordnung mit Hilfe eines Polynoms berechnen:

Gl. 29
$$T = a_0 + a_1 \cdot x + a_2 \cdot x^2 + a_3 \cdot x^3 \dots + a_n \cdot x^n$$

T: Temperatur, x: Thermospannung,
a: Polynomkoeffizienten (spezifisch für jedes Thermoelement)

In der Tab. 11 sind für einige Thermoelemente die Polynomkoeffizienten aufgeführt. Dabei ist abzuwägen, bis zu welcher Ordnung die Berechnung jeweils durchgeführt wird, um einerseits eine genügend große Genauigkeit, andererseits einen angemessenen Rechenaufwand zu erreichen.

	Typ E	Typ J	Typ K	Typ S	Typ T
	Nickel/Chrom - Konstantan	Eisen - Konstantan	Nickel/Chrom - Nickel	Platin/Rho-dium - Platin	Kupfer - Kon-stantan
	-100°C bis 1000°C +/- 0,5°C 9.Ordnung	0°C bis 760°C +/-0,1°C 5. Ordnung	0°C bis 1370 °C +/- 0,7°C 8. Ordnung	0°C bis 1750°C +/-1°C 9. Ordnung	-160°C bis 400°C +/- 0,5°C 7. Ordnung
a_0	0,104967248	-0,048868252	0,226584602	0,927763167	0,100860910
a_1	17189,45282	19873,14503	24152,10900	169526,5150	25727,94369
a_2	-282639,0850	-218614,5353	67233,4248	-31568363,94	-767345,8295
a_3	12695339,5	11569199,78	2210340,682	8990730663	78025595,81
a_4	-448703084,6	-264917531,4	-860963914,9	$-1,63565E^{+12}$	-9247486589
a_5	$1,10866E^{+10}$	2018441314	$4,83506E^{+10}$	$1,88027E^{+14}$	$6,97688E^{+11}$
a_6	$-1,76807E^{+11}$		$-1,18452E^{+12}$	$-1,37241E^{+16}$	$-266192E^{+13}$
a_7	$1,71842E^{+12}$		$1,38690E^{+13}$	$6,17501E^{+17}$	$3,94078E^{+14}$
a_8	$-9,19278E+^{12}$		$-6,33708E^{+13}$	$-1,56105E^{+19}$	
a_9	$2,06132E^{+13}$			$1,69535E^{+20}$	

Tab. 11 Polynomkoeffizienten verschiedener Thermoelemente [26]

Eine weitere Hardwarelösung ist in folgendem Konzept verwirklicht. Die Thermospannung wird verstärkt und anschließend mit einem AD-Wandler digitalisiert. Mit Hilfe des EPROMs wird eine Linearisierung durchgeführt, indem die digitalisierte Umkehrfunktion im Speicher fest eingeschrieben wird. Dieser Baustein vergleicht den gemessenen Wert mit der "passenden" abgespeicherten Adresse und gibt diesen an den DA-Wandler weiter. Dieser erzeugt eine entsprechende analoge Spannung [20].

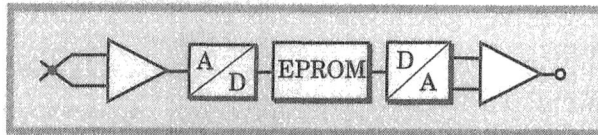

Abb. 42 Blockschaltbild einer digitalen Linearisierung durch Hardware

6.4.4 Alterung der Thermoelemente

Beim Messen mit Thermoelementen treten 2 wichtige Faktoren auf, die das Verhalten negativ beeinflussen können:
• Wechselwirkung mit der umgebenden Atmosphäre
• Diffusion bei hohen Temperaturen
Chemische Reaktionen an den Thermodrähten kann man durch ein gasdichtes Schutzrohr verhindern. Dadurch wird aber die Reaktionszeit häufig verringert und die gute thermische Kopplung mit einer festen Probe ist deutlich schwieriger.
Die Alterung wird weiterhin entscheidend durch hohe Temperaturen beeinflußt: es können Fremdatome in das Thermoelement wandern, da die Diffusionsgeschwindigkeit stark zunimmt. Beide Thermodrähte werden dadurch in gleicher Weise verändert und immer

ähnlicher. Deshalb sinkt die thermoelektrische Kraft und die daraus resultierende Thermospannung.

Werden Experimente durchgeführt, bei denen die Probe bis in die Nähe des Schmelzpunktes aufgeheizt wird, ist eine exakte Reproduzierbarkeit der Thermospannung von entscheidender Bedeutung. Daher sollten die Drähte häufiger überprüft und gegebenenfalls ausgetauscht werden, um zu vermeiden, daß eine niedrigere Temperatur als die tatsächliche gemessene angezeigt wird.

Das Langzeitverhalten von edlen Thermoelementen (Typ S, E, B) ist deutlich besser. Ihr Nachteil besteht allerdings in der geringeren Thermospannung.

6.4.5 Meßaufbau

Werden Temperaturen mit Thermoelementen gemessen, ist folgendes zu beachten: an der Meßstelle T_1 wird das Thermoelement, bestehend aus den beiden zusammengeschweißten Thermodrähten, angeschlossen. Die beiden Drähte dürfen sich an **keiner** weiteren Stelle berühren, da sonst weitere Thermoelemente entstehen! Die Drähte werden aus dem Meßbereich, z. B. bis zu einer Durchführung der Vakuumkammer, geführt. Von dort aus benutzt man eine *Ausgleichsleitung (siehe 4.3.4.3, Seite 26)* bis an das Meßgerät. An diesem Punkt benötigt man eine thermisch **stabile Vergleichsstelle** *(siehe 6.4.6, Seite 46)*.

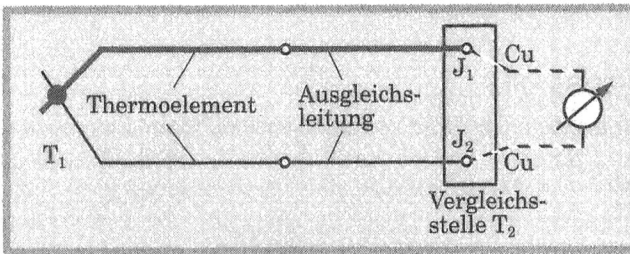

Abb. 43 Prinzipieller Meßaufbau

Ein Problem bei jedem Meßaufbau besteht darin, daß jedes Paar unterschiedlicher Metalle an der Kontaktstelle ein eigenes Thermoelement bildet. Der Übergang Kupfer/Lötzinn beispielsweise erzeugt eine Thermospannung von ca. 3μV/K. Daher müssen alle Kontaktpunkte - bis zur Vergleichsstelle - aus gleichen Materialien mit gleichen EMK-Werten bestehen. Elektrische Kontakte sollten, wenn nötig, gequetscht, geschraubt oder verschweißt sein. Wenn gelötet wird, sollte die Anzahl der Lötstellen für den positiven und negativen Schenkel gleich sein. Lösbare Verbindungen lassen sich mit speziellen Steckverbindern *(siehe Abb. 44, Seite 46)* herstellen, deren Kontaktmaterial gleich dem des Thermoelementes ist.

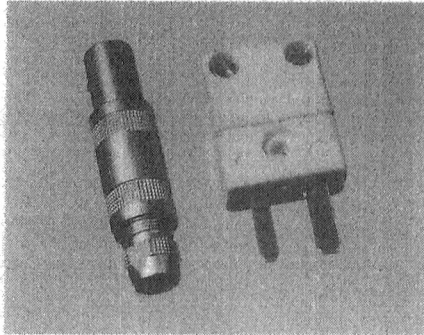

Abb. 44 Thermosteckverbinder (Fa. Lemosa und Fa. Omega)

Diese Steckverbinder stellen gleichzeitig sicher, daß es zu keiner Verpolung der Anschlüsse kommt.

Da der Innenwiderstand von Thermoelementen sehr klein ist, ist die Länge der Anschlußleitung nicht besonders kritisch (im Gegensatz zur Messung mit Widerstandsmeßfühlern). Bei empfindlichen Messungen in stark gestörter Umgebung kann es sinnvoll sein, die Ausgleichsleitung abzuschirmen, um Störsignale von der Meßleitung fernzuhalten.

6.4.6 Vergleichsstelle

Wie in der Einleitung schon erwähnt wurde, beruht die Temperaturmessung mit Thermoelementen auf der Differenz zwischen der Meßstelle T_1 und der Vergleichsstelle T_2. Jeder Übergang verschiedener Metalle erzeugt eine Thermospannung. In Abb. 43 wurde dies deutlich: an der Vergleichsstelle T_2 entstehen zwei neue Thermoelemente, J_1 und J_2. Dadurch wird auch bei konstanter Temperatur an der Vergleichsstelle eine Thermospannung erzeugt, die als Fehlspannung voll in die Messung mit eingeht.

Aus diesem Grunde ist für die Genauigkeit der Messung die Stabilität der Vergleichsstelle von entscheidender Bedeutung. Ist sie nicht konstant, kann man nicht unterscheiden, ob sich bei der Änderung der Thermospannung tatsächlich die Temperatur der Meßstelle (und nicht die der Vergleichsstelle) geändert hat. Deshalb wird häufig das etwas umständliche, aber sehr genaue Verfahren mit dem Eisbad als Referenzstelle eingesetzt *(siehe Abb. 45)*.

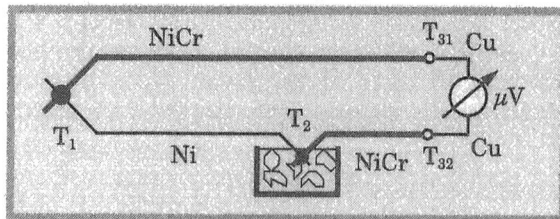

Abb. 45 Vergleichsstelle mit Eisbad

Der Übergang Thermoelement - Kupferdraht an der Stelle T_{31} und T_{32} ist identisch, da der Übergang jedesmal NiCr - Cu ist.

Diese Referenztemperatur läßt sich aber auch elektronisch nachbilden:
- Durch eine Brückenschaltung mit NTC-Widerstand *(siehe Abb. 46)*.
- Kompensationsschaltung mit Halbleiterbauelement *(siehe Abb. 47)*.

Die Funktion beider Schaltungen besteht darin, die Schwankungen der Umgebungstemperatur in einem bestimmten Bereich in der Form zu kompensieren, daß eine der Temperaturänderung proportionale Thermospannung addiert oder subtrahiert wird.

Beispiel: Ein Thermoelement Typ K liefert bei einer Vergleichsstellentemperatur von 30°C eine Thermospannung von 28,762mV; sind die Tabellenangaben für die Thermospannung auf 0°C bezogen, muß die Spannung, die einer Temperaturdifferenz von 0°C...30°C entspricht, addiert werden: 28,762mV+1,203mV = 29,965 mV. Dieser Spannungswert entspricht nach Tabelle einer Temperatur von 720°C.

Eine Kompensationsschaltung mit einer Widerstandsbrücke zeigt Abb. 46.

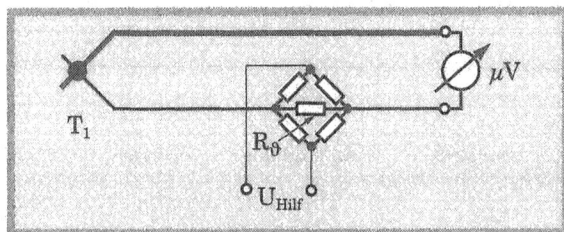

Abb. 46 Eispunktkompensation mit Brückenschaltung

Diese Brückenschaltung (Wheatstone) wird so abgeglichen, daß sie bei der Bezugstemperatur (an der Vergleichsstelle) eine Diagonalspannung von 0mV erzeugt. Ändert sich die Umgebungstemperatur, wird der Widerstand R_ϑ größer oder kleiner und erzeugt durch die Verstimmung der Brücke eine Korrekturspannung. Somit wird in einem bestimmten Bereich die Schwankung der Umgebungstemperatur am Meßgerät kompensiert.

Eine weitere Möglichkeit, den Referenzpunkt zu stabilisieren, hat man mit Halbleitertemperaturfühlern *(siehe 6.3, Seite 40)*. Der Baustein AD 592 vom Hersteller Analog Devices beispielsweise liefert einen Strom mit einem Temperaturkoeffizienten von 1µA/K *(siehe Abb. 47)*.

An der Vergleichsstelle wird das IC thermisch mit dem Bezugspunkt gekoppelt. Der Baustein liefert bei 0°C einen Strom von 273,2µA. Eine Temperaturänderung an der Vergleichsstelle erzeugt je nach Thermoelement eine Fehlerspannung. Daraus folgt, daß R_f an den jeweiligen Typ angepaßt werden muß. Beim Typ K ändert sich im Bereich von 25°C die Thermospannung um ca. 40µV/K. Der Widerstand wird darum mit 40Ω dimensioniert.

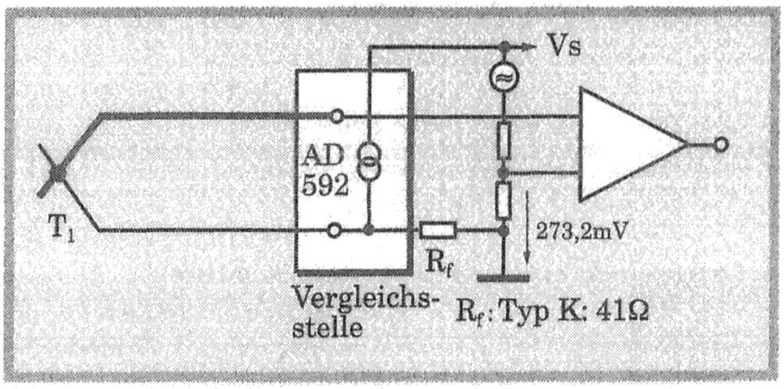

Abb. 47 Eispunktkompensation mit temperaturabhängiger Stromquelle

Damit der Meßwert in °C skaliert wird, addiert man eine Spannung von 273,2mV [25].
In Temperaturmeßbausteinen sind solche oder ähnliche Kompensationsschaltungen integriert.

Typ	Hersteller	Beschreibung	Ausgang	Besonderheit
AD 595	Analog Devices	Thermoelementver-stärker mit elektroni-schem Eispunkt	10mV / K	Alarm bei Ther-mobruch
2B50	Analog Devices	Isolier-thermoelementver-stärker	variabel, je nach Ver-stärkung	Alarm 1500V Isolierung hohe Linearität
LTK 001	Linear Tech-nology	Thermoelementver-stärker mit elektroni-schem Eispunkt	10mV / K	

Tab. 12 Integrierte Bausteine zur Temperaturmessung

7. Temperaturregler

7.1 Einleitung

In vielen Experimenten ist es notwendig, neben der Temperaturmessung einen definierten Temperaturverlauf zu steuern. Das bedeutet, daß unter spezifizierten Bedingungen eine Probe beispielsweise aufgeheizt wird und dem System Energie zugeführt werden muß. Dies soll so exakt wie möglich geschehen und darf durch keine äußeren Einflüsse gestört werden. Darum ist es notwendig, ein Regelsystem aufzubauen, dessen Parameter bekannt sind.

Hier soll stellvertretend für andere Regelsysteme, wie zum Beispiel Druck-, Positions- oder Drehzahlregler, die Temperaturregelung ausführlich besprochen werden. Viele Beschreibungen lassen sich aber ohne Abstriche auf andere Regelsysteme übertragen.

Da in der Regeltechnik viele Begriffe benutzt werden, die in der Umgangssprache häufig eine andere Bedeutung haben, ist eine klare Definition notwendig.

7.2 Steuerung

Unter dem Begriff *Steuerung* versteht man einen Vorgang in einem System, bei dem eine oder mehrere Eingangsgrößen eine Ausgangsgröße nach systemeigenen Gesetzmäßigkeiten beeinflussen (siehe DIN 19226).

Für eine vollständige Steuerung werden weitere Begriffe definiert:

- Stellglied: unter diesem Begriff versteht man den Teil der Steuerung, der unmittelbar den Ablauf beeinflußt.
- Stetige Stellglieder: damit sind solche Komponenten gemeint, die einen kontinuierlichen Verlauf der Steuerung ermöglichen, wie zum Beispiel Potentiometer, Stelltrafos, Steuerventile und andere.
- Unstetige Stellglieder: unter diesem Begriff versteht man Stellglieder, die nur zwei Zustände kennen. Dazu gehören beispielsweise Schalter und Relais.
- Stellgröße: Durch Verändern der Position des Stellgliedes wird die Stellgröße verändert.

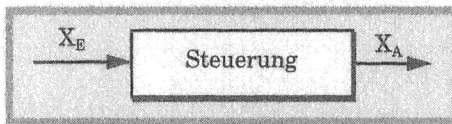

$X_E \longrightarrow$ **Steuerung** $\longrightarrow X_A$

Abb. 48 Blockschaltbild einer Steuerung

An diesem Blockschaltbild wird deutlich, daß die Ausgangsgröße X_A, auch als Stellgröße bezeichnet, eindeutig nur von der Eingangsgröße X_E abhängig ist. Es gibt keine Rückkopplung. Daher wird dieser Aufbau auch als *offenes System* bezeichnet.

Der Begriff *Führungsgröße* W wird oft an Stelle der Eingangsgröße X_E benutzt.

Da man in der Praxis nicht von idealen Bedingungen ausgehen kann, müssen auch in diesem offenen System Störgrößen berücksichtigt werden.

Die Störgröße Z kann die Ausgangsgröße X_A verändern, ohne daß das Eingangssignal X_E dies registriert.

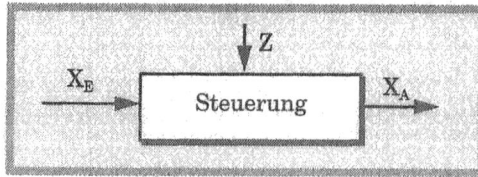

Abb. 49 Steuerstrecke mit Störgröße Z

An einem Beispiel soll eine Steuerstrecke mit ihren einzelnen Komponenten dargestellt werden:

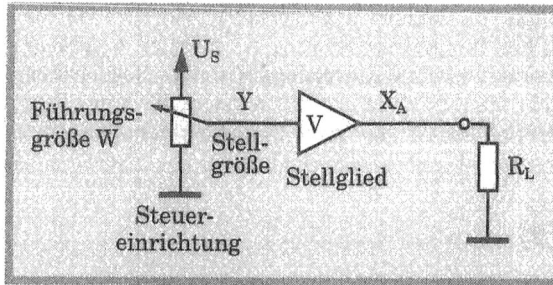

Abb. 50 Schaltbild einer elektronischen Steuerung

Der Leistungsverstärker V soll den Widerstand R_L heizen. Mit der Position des Schleifers vom Potentiometer, die der Führungsgröße W entspricht, wird die Spannung, die der Stellgröße Y entspricht, verändert. Der Verstärker, der das Stellglied symbolisiert, verstärkt die Spannung und kann Energie an die Last abgeben. Wird W nicht verändert, stellen sich stabile Verhältnisse ein und die Temperatur der Last sollte konstant sein.

Tritt nun eine Störgröße Z auf, zum Beispiel eine Erhöhung der Umgebungstemperatur an dem Widerstand, dann hätte dies zur Folge, daß die Temperatur am Lastwiderstand unbeabsichtigt steigt.

Eine entscheidende Verbesserung dieser Eigenschaften läßt sich durch eine „Regelung" erzielen, die im nächsten Kapitel beschrieben wird.

7.3 Regelung

Unter dem Begriff *Regelung* versteht man einen geschlossenen (Regel-) Kreis, bei dem die Ausgangsgröße X_A gemessen und mit der Führungsgröße W verglichen wird.

Alle Komponenten, die diesen Regelkreis bilden, werden als *Regelglieder* bezeichnet. Alle einzelnen Glieder eines solchen Regelkreises müssen an die Regelstrecke angepaßt werden!

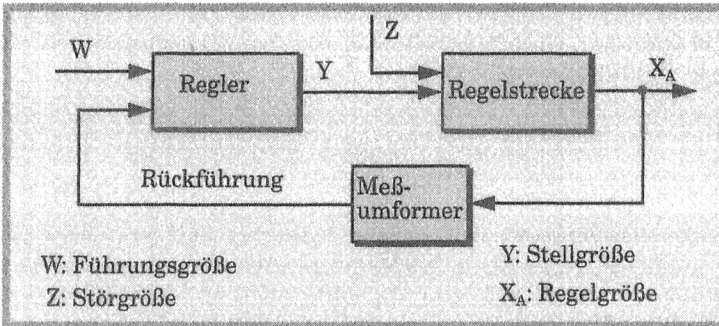

W: Führungsgröße
Z: Störgröße

Y: Stellgröße
X_A: Regelgröße

Abb. 51 Blockschaltbild einer Regelung

Die wesentliche Aufgabe des Reglers ist es, eine Abweichung der Regelgröße von der Führungsgröße zu registrieren und entsprechend die Stellgröße zu verändern.

Am Eingang des Reglers liegen zwei Größen vor: zum einen die *Führungsgröße* W, die einer *Sollwertvorgabe* entspricht und zum anderen die Größe der *Rückführung*, die dem gemessenen *Istwert* entspricht. Der Regler erzeugt eine der Differenz vom Soll- und Istwert proportionale *Stellgröße* Y und gibt sie über die *Regelstrecke* als *Regelgröße* aus. Eventuell vorhandene *Störsignale* Z können auf der Regelstrecke eingekoppelt werden und zur Stellgröße Y addiert werden und dadurch einen Fehler verursachen.

Viele Anwendungen in der elektronischen Meßtechnik werden durch das Prinzipschaltbild in Abb. 51 beschrieben:

- Transistor als Verstärker
- Operationsverstärker
- Temperaturregler
- Durchflußregler
- Druckregler
- Strom-und Spannungsregler

Am Beispiel einer einfachen Temperaturregelstrecke soll ein Blockschaltbild den Aufbau verständlich machen:

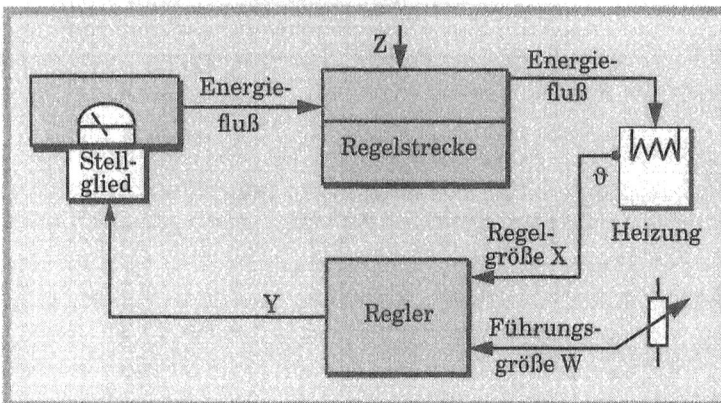

Abb. 52 Blockschaltbild einer Temperaturregelstrecke

Die Führungsgröße W soll die Temperatur ϑ an der Probe bestimmen. Dazu ist es notwendig, daß der Regler die entsprechende Regelgröße X kennt, um dann die Stellgröße Y dem Stellglied, beispielsweise *(siehe Abb. 52)* den externen Steuereingang des Netzgerätes, nach folgendem Zusammenhang zuzuführen:

$$Gl.\ 30 \qquad \boxed{Y = W - X}$$

Diese auftretende Regeldifferenz muß von dem Regler „zu Null" gemacht werden.

Hat nach der Aufheizphase die Probe die *Solltemperatur* erreicht, soll die Stellgröße Y = 0 sein. Eine auftretende Störgröße Z kann nun eine Änderung der Temperatur an der Probe bewirken, z. B. durch Abgabe eines Teils der aufgenommenen Wärmeenergie an die Umgebung. Das hat zur Folge, daß die Regelgröße X kleiner wird und somit der Regler über das Stellglied bewirken muß, daß proportional zur *Verlustenergie* das Netzgerät wieder mehr Energie der Probe zuführt, bis die Solltemperatur wieder erreicht ist.

Im einfachsten Fall besteht der Regler aus einem Differenzverstärker, der an dem ersten Eingang den Sollwert und am zweiten den Istwert angeboten bekommt. Jede Abweichung wird über den Verstärker zu einer Änderung der Ausgangsspannung führen.

Für die Qualität des Reglers ist der Verstärkungsfaktor von entscheidender Bedeutung. Je größer dieser ist, um so exakter kann er auf Abweichungen reagieren.

Für das Verständnis der Regelprobleme ist es wichtig zu verstehen, welche Schwierigkeiten auftreten können, wenn die Anforderungen an das Experiment Vorgaben machen, die in der Praxis nur mit größerem Aufwand umzusetzen sind. Dies läßt sich vielleicht an folgendem Beispiel gut zeigen:

Beispiel: Eine Probe mit kleinen Abmessungen (10mm³) soll in einer Zeit von 10 Sekunden von 50°C auf 1100°C aufgeheizt werden. Der Schmelzpunkt des verwendeten Materials liegt bei 1115°C. Das bedeutet, daß sehr viel Energie in kurzer Zeit in die Probe „gepumpt" werden muß. Wenn die Solltemperatur an der Meßstelle erreicht ist, wird die Versorgung der Heizung auf Null geregelt. Da häufig die Heizung nicht an der gleichen Stelle wie das Thermoelement ist, wird die Probe durch diese Verzögerung und die Laufzeit des Meßsignals noch weiter erwärmt und es kommt zu einem Überschwingen über den Sollwert der Temperatur. Dann wird die Temperatur wieder bis unter den Sollwert sinken. Nach endlicher Zeit reagiert der Regler auf dieses Unterschreiten der Solltemperatur und die Versorgungseinheit führt wieder Energie der Probe zu. Dies kann zu einer ungedämpften Schwingung der Temperatur um den Sollwert führen.

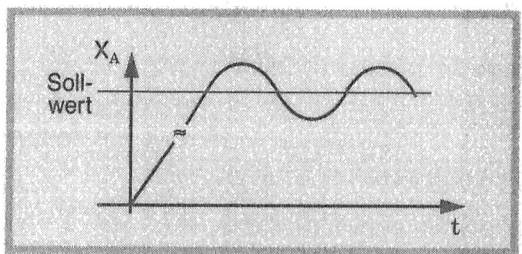

Abb. 53 Temperaturverlauf mit Schwankungen um den Sollwert

7.4 Regler

Wie in Kapitel 7.3 besprochen wurde, besteht eine komplette Regelung aus mehreren Gliedern, die das Verhalten des gesamten Regelsystems beeinflussen. Daher muß die Übertragungsfunktion des Reglers an die jeweilige Aufgabe angepaßt werden.
Allgemein werden die Regler in zwei Hauptgruppen eingeteilt.

7.4.1 Unstetige Regler

Ein unstetiger Regler kennt nur einzelne, diskrete Zustände. In der Praxis ist der Zweipunktregler, d.h. ein Regler mit 2 diskreten Ausgangszuständen, sehr verbreitet. Er ist einfach aufgebaut und die Genauigkeit reicht für viele Regelaufgaben. Träge Heiz- und Kühlsysteme lassen sich häufig mit diesen preiswerten und wenig störanfälligen Reglern gut aufbauen. In vielen Haushaltsgeräten werden beispielsweise *Bimetallschalter* eingesetzt, die beim Überschreiten einer bestimmten Temperatur den Heizstrom unterbrechen und nach Unterschreiten entsprechend wieder einschalten. Diese Bauteile haben somit eine Hysterese, die aber je nach Regelsystem kaum ins Gewicht fällt.
Der Zweipunktregler liefert eine Stellgröße Y, die nur zwei Zustände kennt: „Ein" oder „Aus". Um diese Schaltzustände zu erreichen, werden allgemein folgende Bauelemente eingesetzt:
• Schalter und Relais
• Transistor und Thyristor

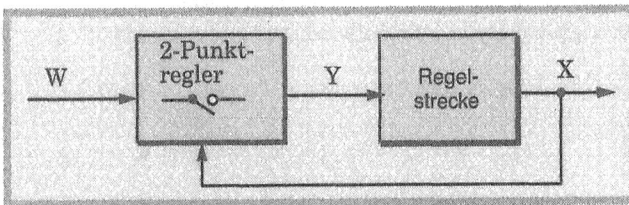

Abb. 54 Blockschaltbild eines Zweipunktreglers

An dem Blockschaltbild sieht man, daß der Zweipunktregler nur zwischen den beiden Zuständen 0% und 100% Stellgröße Y hin- und herschalten kann.
Auf Grund der Trägheit der Regelstrecke und der Hysterese des Reglers lassen sich mit 2-Punktreglern nur bedingt genaue Regelungen aufbauen.
Beim Starten eines Regelsystems, beispielsweise einer Probenheizung, liefert die Stellgröße solange den maximalen Wert, bis die Regelgröße X den oberen Sollwert erreicht. Der Regler schaltet dann die Stellgröße auf 0%, bis die Temperatur der Probe den unteren Wert (X_{unter}) der Regelgröße erreicht hat. Anschließend wird die Stellgröße wieder auf den Wert von 100% geschaltet.

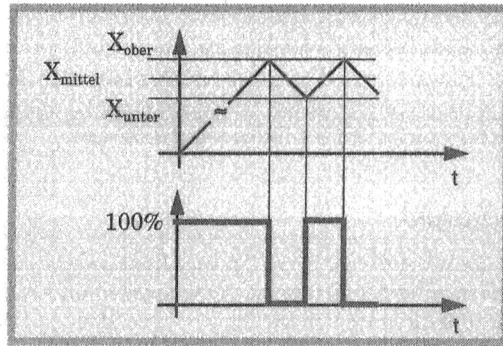

Abb. 55 Schaltverhalten eines Zweipunktreglers

Am Verlauf dieser Kurve erkennt man, daß der Regler eine Stellgröße liefert, die um einen Mittelwert X_{mittel} schwankt. Diese Hysterese des Regelsystems ist aber nicht nur vom Regler selbst, sondern auch von der gesamten Regel-strecke abhängig. Die Zeitkonstanten des Heizsystems spielen dabei eine wichtige Rolle. Handelt es sich dabei um eine klein dimensionierte Probe und ist damit die Zeitkonstante gering, so wird die Schalthäufigkeit des Reglers hoch sein.

7.4.1.1 Leistungsdimensionierung

Bei der Dimensionierung einer Regelstrecke muß für einen zuverlässigen Betrieb eine Abschätzung der benötigten elektrischen Leistung gemacht werden.

Beispiel: Es soll eine Probe auf 400° C aufgeheizt werden. Der Widerstand der Heizung beträgt 2 Ω. Dazu wird ein Netzgerät benötigt, dessen maximale Leistungsabgabe über der liegen muß, die benötigt wird, um die geforderte Temperatur zu erreichen. Wird z.B für diese Heizung eine Leistung von 200 Watt benötigt, so kann man die Dimensionierung folgendermaßen berechnen:

$$W = I^2 \cdot R \Rightarrow I = \sqrt{W/R} = \sqrt{200W/(2\Omega)} = 10A \Rightarrow U = R \cdot I = 2\Omega \cdot 10A = 20V$$

Es wird somit ein Netzgerät benötigt mit einem Spannungsbereich von 0...20V und einem Ausgangsstrom von 0...10A. Es ist aber sinnvoll, bei der Dimensionierung eine Leistungsreserve je nach Aufgabenstellung vorzusehen. Zum einen ist es nicht günstig, immer an der Leistungsgrenze des Netzgerätes zu arbeiten. Außerdem kann es erforderlich sein, beim Aufheizen mehr Leistung zur Verfügung zu stellen, um die Aufheizzeit zu verkürzen. Weiterhin muß berücksichtigt werden, ob der Widerstand der Heizung einen positiven oder negativen Temperaturkoeffizienten hat.

7.4.2 Stetige Regler

Diese Art von Reglern hat die Aufgabe, die Regelgröße X und die Führungsgröße W zu vergleichen und abhängig von der Regelabweichung **proportional** die Stellgröße zu beeinflussen. Die Stellgröße kann jeden Zwischenwert annehmen, der zur Aufrechterhaltung der gewünschten Regelgröße notwendig ist *(siehe Abb. 51, Seite 51)*. Die bei Zweipunktreglern systembedingten Schwankungen der Regelgröße treten somit bei den stetigen Reglern nicht auf.

Für Regelstrecken, die höhere Genauigkeiten erfordern und bei denen schnelle Temperaturprofile erzeugt werden müssen, ist meist ein stetiger Regler notwendig. Der Aufbau stetiger Regler wird im folgenden ausführlicher besprochen.

7.4.2.1 Regelstrecke

Die gesamte Regelstrecke besteht aus mehreren Gliedern, die jeweils mit ihren spezifischen Eigenschaften die Regelstrecke beeinflussen.
Eine für das gesamte System wichtige Größe ist der zeitliche Ablauf der Übertragungsfunktion, d.h. der Reaktion der Meßgröße auf die Stellgröße.

7.4.2.2 Sprungantwort einer Regelstrecke

Zur Charakterisierung einer Regelstrecke untersucht man häufig die Änderung der Ausgangsgröße bei sprunghafter Änderung des Sollwertes. Daraus kann man Rückschlüsse auf die Eigenschaften der Strecke ziehen.
Dazu wird ein Rechteckimpuls, dessen Anstiegszeit einige Größenordnungen kleiner als die Reaktionszeit des Reglers sein muß, als Führungsgröße auf den Regler gegeben.
Es werden bestimmte Grundtypen von Übertragungsgliedern unterschieden: *Proportional-, Integral-, Differential-, Totzeit- und Verzögerungsglieder*. Die genauen Eigenschaften werden in den Kapiteln 7.4.2.3 bis 7.4.2.9 beschrieben.
Diese einzelnen Glieder können in verschiedenen Kombinationen auftreten:
• Kettenglieder(≙Reihenschaltung der Regelglieder)
• Parallelglieder (≙ Parallelschaltung der Regelglieder *(siehe Abb. 56)*, wobei die Stellgröße Y die Summe der Ausgangsgrößen der einzelnen Glieder ist).
• Kombination von Ketten- und Parallelglieder
In der Schreibweise verdeutlicht man die Kettenglieder durch Bindestriche: P-, I-, D-Glieder.

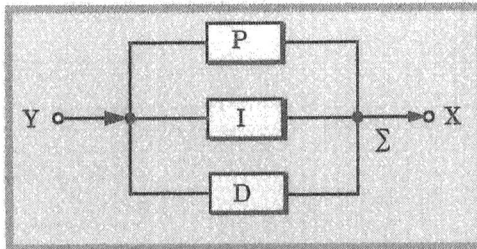

Abb. 56 Beispiel für drei Parallelglieder

Für Parallelglieder wird im Gegensatz zur Kettenschaltung der Bindestrich in der Schreibweise weggelassen: PID-Regler.
Zu den wichtigsten Kombinationen gehören die Parallelglieder PD, PI und PID.
In Tab. 13 werden das grundsätzliche Verhalten, die Übertragungsfunktion und die dazugehörende Sprungantwort beschrieben.

Bezeichnung	Übertragungsfunktion	Sprungantwort
Proportional	$X_A = K_P \cdot X_E$ K_p: Proportionalbeiwert	
Integral	$X_A = K_I \cdot X_E$ K_I: Integrationsbeiwert	
Differential	$X_A = K_D \cdot \dfrac{\Delta X_E}{\Delta t}$	
Totzeit	Für $t < T_t$: $X_A = 0$ Für $t > T_t$ $X_A = X_E$	
PT1 Verzögerung 1. Ordnung	$X_A = X_E \cdot K_P \cdot \left(1 - e^{\frac{-t}{\tau}}\right)$	
PT2		
DT1	$X_A = K_D \cdot X_E \cdot \dfrac{1}{T} \cdot e^{\frac{-t}{\tau}}$	

Tab. 13 Aufstellung von einigen wichtigen Regelglieder

7.4.2.3 P-Regler

Eine Übertragungsstrecke, bei der die Ausgangsgröße X_A mit der Eingangsgröße X_E durch einen konstanten Faktor verknüpft ist, nennt man Proportionalglied. Dieser konstante Faktor ist in einem mechanischen System beispielsweise die Übersetzung eines Getriebes, in der Elektronik ist es die Verstärkung. Für diesen P-Regler gilt der Zusammenhang:

$$Gl.\ 31 \qquad \Delta X_A = K \cdot \Delta X_E$$

Die Sprungantwort eines P-Reglers sieht folgendermaßen aus:

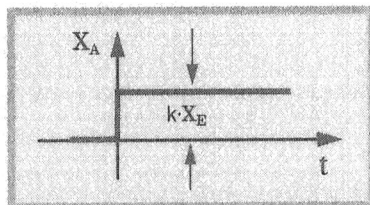

Abb. 57 Sprungantwort eines P-Gliedes

Ein elektronischer Verstärker ist in erster Näherung ein P-Regler. Im Kapitel „Operationsverstärker" *(siehe 8.2, Seite 64)* wird dies detailliert beschrieben.

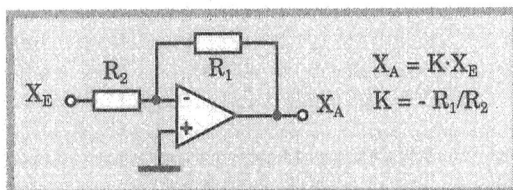

Abb. 58 Schaltbild eines P-Reglers

In der Abb. 58 sieht man deutlich, daß die Ausgangsgröße X_A linear und reell von X_E abhängig ist, da keine zeitbestimmenden Bauelemente wie beispielsweise Kondensatoren vorhanden sind. Der Faktor $K = |R_1/R_2|$ entspricht dem Verstärkungsfaktor der Schaltung. Der Verstärkungsfaktor bestimmt die Regelgenauigkeit und es gilt, je größer die Verstärkung gewählt wird, desto kleiner ist die Regelabweichung.

Da es in der Praxis keine P-Glieder gibt, die ohne zeitliche Verzögerung bei einer Änderung von X_E am Ausgang den Wert X_A verändern, ist der Aufbau eines reinen P-Reglers nur näherungsweise möglich.

7.4.2.4 PT1-Regler

Bei diesem Regler handelt es sich um einen Proportionalregler mit einer Verzögerung erster Ordnung. Das bedeutet, daß sich in der Regelstrecke **eine** Komponente befindet, die eine zeitliche Verzögerung des Regelvorgangs bewirkt. Diese Eigenschaft hat für die praktische Umsetzung eine große Bedeutung. Im Grunde gibt es keine Komponente einer Regelstrecke, die nicht eine endliche Zeit benötigt, um auf ein Signal oder eine Information zu reagieren.

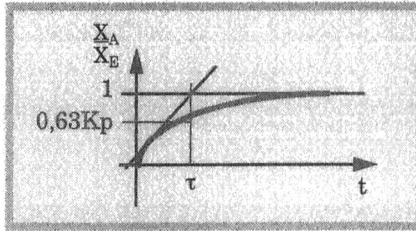

Abb. 59 Sprungantwort eines PT$_1$ - Gliedes

Das zeitliche Verhalten entspricht somit genau dem eines Tiefpasses 1. Ordnung *(siehe Abb. 59)*. Dieses wird durch ein RC-Glied symbolisiert.

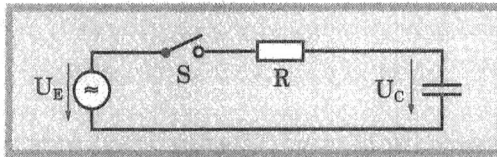

Abb. 60 RC-Glied als Zeitverzögerung

Die Spannung U$_C$ wird nach dem Schließen des Schalters nach einer e-Funktion ansteigen. Der Wert des Widerstand R und des Kondensators C bestimmen die Zeitkonstante. Nach der Zeit T$_1$, die der Größe τ entspricht (τ=R · C), beträgt die Spannung am Kondensator erst 0,63·U$_E$.

Man kann das Verhalten des PT$_1$- Reglers beschreiben, indem man das Produkt aus dem P- und dem T$_1$- Anteil bildet:

$$Gl.\ 32\quad P: \quad \frac{X_A}{X_E} = K_p$$

$$Gl.\ 33\quad T1: \quad \frac{X_A}{X_E} = 1 - e^{\frac{-t}{\tau}}$$

$$Gl.\ 34\quad PT1: \quad \frac{X_A}{X_E} = K_p\left(1 - e^{\frac{-t}{\tau}}\right)$$

Die Größe τ = R · C und K$_p$ entspricht in der Gl. 34 der Verstärkung des Proportionalanteils.

In der Abb. 61 ist ein PT1 - Regler dargestellt. Er besteht aus einem R-C Glied (R_2, C) und einem Verstärker mit der Verstärkung v = - R_1/ R_2.

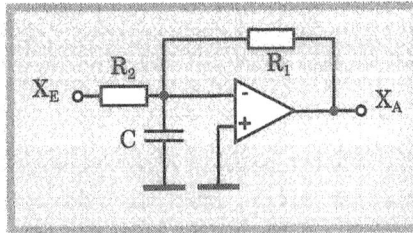

Abb. 61 Blockschaltbild eines PT1 - Reglers

7.4.2.5 PT2-Regler

In der Praxis kann man davon ausgehen, daß jede Strecke mehrere Glieder besitzt, die eine zeitliche Verzögerung bewirken. Ein PT_2 - Regler hat beispielsweise zwei solche Komponenten. Man kann diesen Aufbau als Hintereinanderschaltung von zwei Zeitkonstanten betrachten. Die Sprungantwort eines solchen Reglers erhält man, indem man die Produkte aus P-, T_1- und T_2 - Anteilen bildet.
Prinzipiell sieht die Sprungantwort wie in Abb. 62 dargestellt aus.

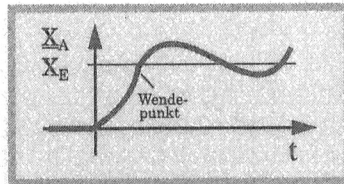

Abb. 62 Sprungantwort eines PT2-Reglers

Mathematisch läßt sich der Verlauf eines solchen Reglers mit einer Differentialgleichung 2. Ordnung beschreiben.
Einen weiteren Einfluß auf die Form der Sprungantwort hat eine vorhandene *Dämpfung*, die je nach Größe den Verlauf der Ausgangskurve beeinflußt.

7.4.2.6 I-Regler

Bei diesem Regler folgt der Ausgang X_A dem zeitlichen Integral der Eingangsspannung. Das bedeutet, daß die Ausgangsgröße X_A auch von der Zeit t abhängt, die die Eingangsgröße X_E am Integrierglied anliegt. Als konstanter Faktor tritt der Integralbeiwert auf.

$$Gl.\ 35 \quad \boxed{K_I = \frac{1}{R \cdot C}}$$

Wenn die beiden Größen X_E = const und X_A (t=0) = 0 sind, dann gilt:

$$Gl.\ 36 \quad \boxed{X_A = K_I \cdot X_E \cdot t}$$

Die Sprungantwort des Integriergliedes sieht folgendermaßen aus, wenn bei Beginn des Eingangssprungs der Eingangs- und Ausgangswert = 0 ist.

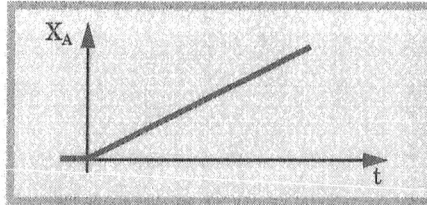

Abb. 63 Sprungantwort des I-Gliedes

Bei einem I-Glied ist das Verhalten nicht nur beim „*Einsprung*", sondern auch beim „*Aussprung*" wichtig *(siehe Abb. 64).*

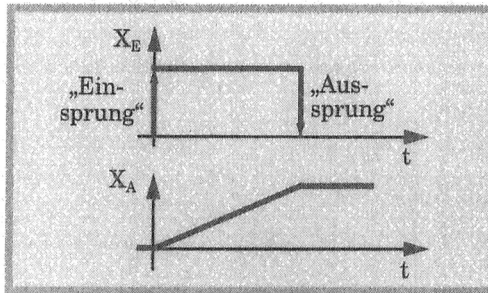

Abb. 64 Verhalten des I-Gliedes nach „*Aussprung*"

An dieser Sprungantwort kann man erkennen, daß der Wert des Eingangssignals nach dem „Aussprung" gespeichert wird.
Prinzipiell ist ein I-Glied folgendermaßen aufgebaut:

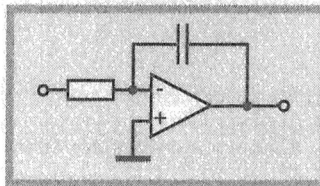

Abb. 65 Blockschaltbild eines Integriergliedes

Die genauen Eigenschaften dieses Integrators werden im Kapitel 8.8.3 ausführlich besprochen.

7.4.2.7 D-Regler

Entsprechend dem Integrierglied gibt es ein Differenzierglied, dessen Übertragungsfunktion der zeitlichen Änderung des Eingangswertes entspricht. Das Ausgangssignal X_A läßt sich folgendermaßen beschreiben:

$$Gl.\ 37 \qquad X_A = K_D \cdot \frac{dX_E}{dt}$$

K_D = Differenzierbeiwert

Die Sprungantwort dieses Differenzergliedes läßt sich so darstellen:

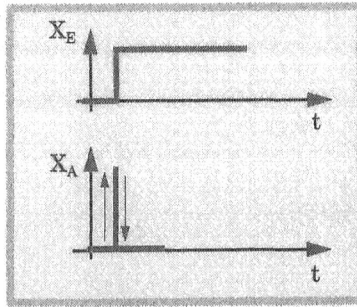

Abb. 66 Sprungantwort des Differenzergliedes

Das Differenzierglied liefert einen Nadelpuls mit sehr großer Amplitude und kurzer Pulsdauer. Abb. 67 zeigt den prinzipiellen Aufbau, wobei im Gegensatz zum Integrierglied nur der Widerstand und der Kondensator zu vertauschen sind:

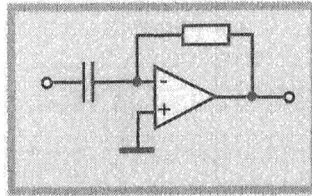

Abb. 67 Blockschaltbild des Differenzergliedes

Die Ausgangsspannung läßt sich nach folgender Beziehung berechnen:

$$Gl.\ 38 \qquad U_A = -R \cdot C \cdot \frac{d \cdot U_E}{dt}$$

Wenn das Eingangssignal eingeschwungen ist und sich nicht mehr ändert, wird die Verstärkung v = 0.

7.4.2.8 DT1-Glied

Da es in der Praxis keine reinen D - Glieder gibt, ist der tatsächliche Verlauf der Sprungantwort eine Reihenschaltung mehrerer Glieder. Die einfachste Variante besteht im Aufbau eines D - Gliedes mit einem Verzögerungsglied T_1. Dabei wird die Ausgangsgröße X_A nicht nur von der zeitlichen Ableitung der Eingangsgröße X_E gebildet, sondern auch von der zeitlichen Verzögerung durch T_1 bestimmt. Beide Größen sind also zeitabhängig.

$$Gl.\ 39 \qquad X_A = X_E \cdot K_D \cdot \frac{1}{T} \cdot e^{-\frac{t}{T}}$$

7.4.2.9 Totzeitglied

Tritt eine zeitlich verzögerte, sprunghafte Änderung der Ausgangsgröße X_A als Reaktion auf einen Eingangssprung X_E auf *(siehe Abb. 68)*, spricht man von einem *Totzeitglied*.

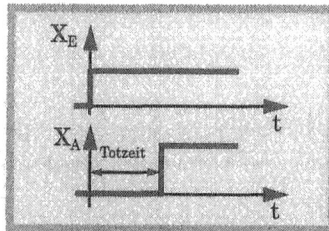

Abb. 68 Sprungantwort eines Totzeitgliedes

Die Totzeit ist vereinfacht ausgedrückt die Zeit, die vergeht, bis der Ausgang auf eine Eingangsänderung reagiert.
Als Beispiel dafür kann man sich ein Relais vorstellen:

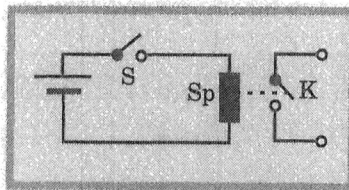

Abb. 69 Relais als Totzeitglied

Wird der Schalter S geschlossen, dauert es eine endliche Zeit, bis das Magnetfeld der Spule aufgebaut wird und der Arbeitskontakt K geschlossen wird. Diese Reaktionszeit ist die Totzeit dieses Gliedes.
Ein weiteres Beispiel für Totzeitglieder sind im allgemeinen digitale Regler. Der analoge „Istwert" muß erst für den digitalen Prozessor umgewandelt werden, die Regelgröße wird dann in irgendeiner Form berechnet, muß anschließend wieder in einen analogen Wert zurückgewandelt werden und steht erst dann als neue Regelgröße zur Verfügung.

8. Verstärker

8.1 Einleitung

In der elektronischen Meßtechnik spielt der Verstärker eine sehr wichtige Rolle und entscheidet oft in nicht unerheblichem Maße über die Qualität der Messung.

Im Allgemeinen ist die Amplitude der zu registrierenden Meßgrößen sehr klein und muß für Meßzwecke noch verstärkt werden. Diese einfache Aufgabe stellt den Anwender aber häufig vor große Probleme. Wie kann man vorgehen, um einen für den Meßzweck optimal angepaßten Verstärker auszuwählen? Einen Universalverstärker, der alles kann, gibt es (glücklicherweise) nicht.

Häufig wird der Verstärker nur als black-box mit einem Eingang und einem Ausgang betrachtet. Bei einer etwas anspruchsvolleren Meßaufgabe wird man aber schnell an die Grenzen des Machbaren stoßen. Dann ist man gezwungen, sich mit dem Innenleben und den exakten Eigenschaften des Verstärkers zu beschäftigen. Das gilt für kommerzielle Verstärker genauso wie für Operationsverstärker.

Bei der technischen Spezifikation von Verstärkern werden von den Herstellern häufig Angaben gemacht, die nur für sich allein betrachtet zutreffen. Beispielsweise wird eine sehr hohe Bandbreite angegeben, die aber nur für die Verstärkung 10 gilt. Wenn die Verstärkung 100 gewählt wird, ist sie deutlich niedriger.

In der Meßtechnik werden verschiedene Komponenten als Verstärker eingesetzt:

• Röhren
• Transistoren
• Operationsverstärker
• Vollverstärker

Die *Röhre* als Verstärker ist vom Transistor bis auf wenige Sonderaufgaben weitgehend verdrängt worden.

Der *Transistor* ist ein strom- oder spannungsgesteuertes Halbleiterbauelement, mit dem man elektrische Signale in Form von Strom oder Spannung verstärken kann.

Der *Operationsverstärker* ist ein integrierter Baustein, der aus vielen Transistoren, Dioden und passiven Bauelementen aufgebaut ist. Er bildet einen vollständigen Verstärker mit Differenzeingangsstufe, Verstärker und Endstufe. Die Eigenschaften dieses Bausteins lassen sich durch äußere Beschaltung in einem weiten Bereich beeinflussen.

Ein *Vollverstärker* ist i.Allg. eine komplexe black-box, die, intern aus mehreren Verstärkerstufen aufgebaut, eine für die Meßaufgabe angepaßte Funktion erfüllt, so daß der Anwender „nur noch" den Eingang und den Ausgang beschalten muß.

Im Folgenden wird der Operationsverstärker in seinen wichtigsten Grundzügen erklärt. Da dies hier nicht vollständig geschehen kann, muß im Bedarfsfall auf die in der Literaturliste erwähnten Werke verwiesen werden.

In einigen Fällen sind Grundkenntnisse der elementaren Halbleiterbausteine erforderlich, um die Funktionsweise des Operationsverstärkers verstehen zu können.

8.2 Operationsverstärker

8.2.1 Einleitung

Bei einem Operationsverstärker handelt es sich um eine integrierte Verstärkerschaltung, deren Aufgabe darin besteht, elektrische Signale in geeigneter Form aktiv zu beeinflussen.

Dieser Baustein ist grundsätzlich als Differenzverstärker aufgebaut. Das bedeutet, daß er zwei separate Eingänge hat. Der eine wird als invertierender (-) der andere als nicht invertierender (+) Eingang bezeichnet. Diese Begriffe definieren die Phasenlage des Ausgangs- zum Eingangssignal. Der prinzipielle Aufbau ist in Abb. 70 dargestellt.

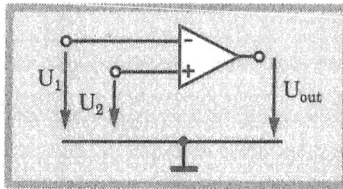

Abb. 70 Operationsverstärker mit Differenzeingängen

Um einen Verstärker optimal allen erforderlichen Aufgaben anpassen zu können, sollte er im Idealfall eine unendliche hohe Verstärkung haben (Leerlaufverstärkung). Diese muß durch einfache Maßnahmen auf die jeweilig benötigte Verstärkung einstellbar sein.

Bei der in Abb. 70 dargestellten Schaltung würden sich folgende Verhältnisse einstellen, wenn

$U_1 < U_2 \Rightarrow U_{out} = \infty$, $U_1 > U_2 \Rightarrow U_{out} = -\infty$ sowie $U_1 = U_2 \Rightarrow U_{out} = 0$ ist.

In der Praxis wird meistens aber eine endliche Verstärkung benötigt. Dazu werden in den beiden wichtigsten Grundschaltungen *(siehe 8.3, Seite 67)* lediglich 2 Widerstände benötigt, die, in geeigneter Weise dimensioniert und beschaltet, einen Teil der Ausgangsspannung auf den Eingang „gegenkoppeln".

8.2.2 Gegenkopplung

Unter Gegenkopplung versteht man grundsätzlich, daß ein Teil des Ausgangssignals phasenverschoben dem Eingangssignal zugeführt wird. Dadurch erreicht man, daß es in der Summe kleiner wird und damit die Verstärkung um den Faktor der Gegenkopplung verringert wird.

Besteht zwischen dem Ausgangssignal und dem auf den Eingang gegengekoppelten Signal keine oder eine zu geringe Phasenverschiebung, spricht man von Mitkopplung, die in jedem Fall vermieden werden muß, da es zu völlig instabilen Verhältnissen und Schwingungen führt.

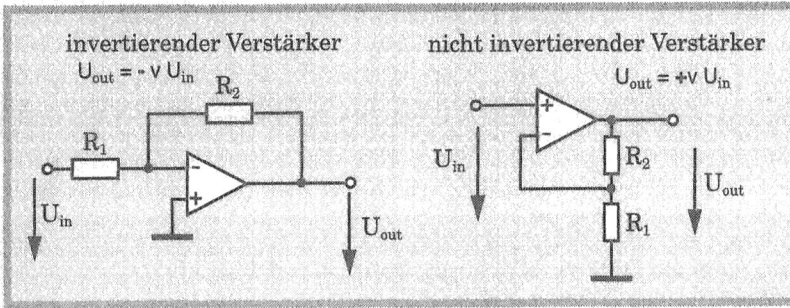

Abb. 71 Prinzip der Gegenkopplung

Die Größe der Gegenkopplung nennt man Koppelfaktor. Bei der invertierenden Schaltung wird die Verstärkung v durch das Verhältnis der Widerstände R_2/R_1 bestimmt. Damit berechnet sich der Koppelfaktor $k = 1/v = R_1/R_2$. Bei der nichtinvertierenden Beschaltung ist die Verstärkung $v = 1+ R_2/R_1$ und der Koppelfaktor $k = R_1/R_1+R_2 < 1$.

Da es sich bei dem beschalteten Operationsverstärker um eine Regelschleife handelt, spricht man auch von der Schleifenverstärkung. Diese ist definiert als das Produkt aus der Leerlaufverstärkung v_0 und dem Koppelfaktor k.

$$Gl.\ 40 \quad \boxed{v_s = k \cdot v_0}$$

Die Eigenschaften des nicht gegengekoppelten OPs sind aber stark temperaturabhängig und zeigen relativ große Unlinearitäten. Ist die eingestellte Verstärkung v sehr viel kleiner als die Leerlaufverstärkung v_0: $v \ll v_0$ und ist der Koppelfaktor $k \leq 1$, so gilt, daß durch die Gegenkopplung die Eigenschaften sich um den Faktor $1/V_s$ verbessern.

Beispiel: Ein Operationsverstärker hat eine Leerlaufverstärkung von 10^6. Er wird so beschaltet, daß er eine reale Verstärkung von v = 100 hat. Die Schleifenverstärkung beträgt dann $vs = 1/100 \cdot 10^6 = 10^4$.

8.2.3 Reale Operationsverstärker

Um zu verstehen, welche Eigenschaften für einen Verstärker optimal sind, folgt zuerst eine Aufstellung für einen nicht real existierenden **idealen** OP:
- Verstärkung: ∞
- Bandbreite: ∞ Hz
- Eingangswiderstand: $\infty\Omega$
- Ausgangswiderstand: 0Ω
- Temperaturkoeffizient: 0ppm
- Rauschen: $(0nV)/\sqrt{Hz}$

Da es einen Verstärker mit diesen Eigenschaften nicht gibt, muß man bei der Lösung des Meßproblems einen Weg finden, den für die spezielle Aufgabe geeigneten Verstärker auszuwählen.

Es werden Verstärker mit den unterschiedlichsten Eigenschaften angeboten. Es gibt sehr schnelle Verstärker, die aber einen kleinen Eingangswiderstand haben. Andere haben einen hohen Eingangswiderstand, ihre Ausgangsspannung ist aber stark temperaturabhängig. Diese Aufzählung läßt sich beliebig fortsetzen. Es soll damit nur zum Ausdruck gebracht werden, daß manchmal Kompromisse bezüglich der Eigenschaften des OPs geschlossen werden müssen.

Bei schwierigen und anspruchsvollen Meßaufgaben ist es notwendig, sich genau zu überlegen, welche Eigenschaften wirklich für die Messung wichtig sind und welche Kompromisse geschlossen werden können.

Sollen beispielsweise sehr kleine Ströme gemessen werden, muß der Eingangswiderstand so hoch sein, daß der Bias[a]-Strom in den OP einige Größenordnungen kleiner als der Meßstrom ist, da er sich als Fehler bemerkbar macht. Ist dagegen beim Meßvorgang die Umgebung starken elektromagnetischen Störfeldern ausgesetzt, müssen diese vom Verstärker unterdrückt werden können.

Anfang der sechziger Jahre (dieses Jahrhunderts!) wurde der Operationsverstärker entwickelt. Einer der ersten Vertreter hatte die Bezeichnung 741. Diesen Universaltyp gibt es heute immer noch. Er wird von mehreren Herstellern angeboten.

Die Bezeichnung der Operationsverstärker ist in der Regel nach folgendem Schema aufgebaut:
* Zwei oder drei führende Buchstaben geben Hinweis auf den Hersteller.
* Die folgenden Ziffern charakterisieren - herstellerunabhängig - den Operationsverstärker an sich.
* Anschließend gibt eine Buchstabenkombination Auskunft über Gehäuseform und Version: z. B. Plastik- oder Keramikgehäuse, erweiterter Temperaturbereich, geringere Offsetspannung etc.

Beispiel: μA 741 MP bedeutet: Hersteller wahrscheinlich Texas Instruments, Typ 741, M bedeutet laut Datenblatt des Herstellers: erweiterter Temperaturbereich: -55 °C bis 125°C. Der letzte Buchstabe gibt die Gehäusebauform an. "P" bedeutet beispielsweise Plastik, „M" entspricht einem Metallgehäuse.

Einige Hersteller mit den typischen Buchstabenkombinationen sind hier aufgeführt:
* Analog Devices: AD, ADOP
* Apex: PA
* Burr Brown: OPA, INA
* Harris: CA, HA, ICL
* Maxim: MAX, ICL, LH
* Motorola: LM, MC
* National: LM, LF
* PMI: OP, PM
* Texas: TL, LM, μA
* Thomson: TDB, TDC, TDE

---

a. Unter Bias-Strom versteht man eine Fehlergröße, die durch die Eingangstransistoren des Ops verursacht werden *(siehe Kapitel 8.4.9, Seite 79).*

8.3 Grundschaltungen des OPs

8.3.1 Einleitung

Der Operationsverstärker wird oft auch als *Rechenverstärker* bezeichnet. Damit soll ausgedrückt werden, daß mathematische Verknüpfungen, wie beispielsweise Addition, Subtraktion und Integration von Spannungen durchgeführt werden können. Diese Operationen lassen sich prinzipiell mit jedem OP durchführen. Dies geschieht ausschließlich durch die äußere Beschaltung des OPs. Im Folgenden werden mehrere dieser Rechenschaltungen besprochen.

8.3.2 Invertierender Verstärker

Bei dieser Beschaltung wird die Verstärkung der Gesamtschaltung durch das Verhältnis der Widerstände R_1 und R_2 bestimmt. Aufgrund der nahezu unendlichen Spannungsverstärkung des Ops wird sich unabhängig von der angelegten Eingangsspannung U_{in} eine Differenzeingangsspannung U_d von $\approx$ 0mV einstellen *(siehe 8.2.1, Seite 64)*. Daher liegt der invertierende Eingang in dieser Schaltung potentialmäßig auf 0mV. Deshalb wird er auch „virtuelle Masse" genannt. Das bedeutet, daß $U_{in} = U_{R2}$ ist, da die ganze Eingangsspannung über R_2 abfallen muß. Der Strom, der durch R_2 fließt, ist:

$$Gl.\ 41 \quad I_{R1} = \frac{U_{in}}{R_2}$$

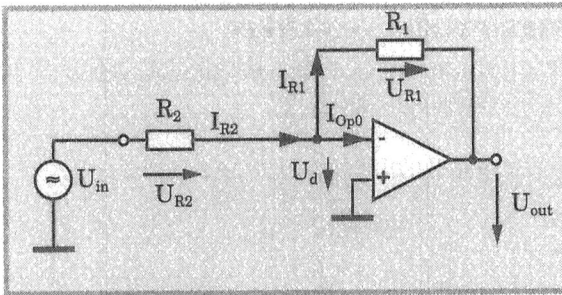

Abb. 72 Grundschaltung des invertierenden Operationsverstärkers

Der Strom I_{Op0}, der in den OP fließt, ist sehr klein und kann daher in erster Näherung vernachlässigt werden. Daraus folgt, daß $I_{R1} = - I_{R2}$ ist und somit $U_{R1} = I_{R1} \cdot R_1 = -U_{in}/R_2 \cdot R_1$.

Mit dem obigen Argument, daß U_d = 0mV ist, folgt $U_{out} = U_{R1}$ und für die Verstärkung gilt:

$$Gl.\ 42 \qquad \frac{U_{out}}{U_{in}} = -\frac{R_1}{R_2}$$

Diese Schaltung wird Inverter genannt, da die Phase des Ausgangssignals in Bezug auf das Eingangssignal um 180° verschoben ist, wie es durch das Minuszeichen deutlich wird.

Beispiel: $R_1 = 10k\Omega$, $R_2 = 1k\Omega$, $U_{in} = 1V$.
$U_{R2} = U_{in} = 1V$, $I_{R2} = U_{R2}/R_2 = 1V/1k\Omega = 1mA$.
$I_{R1} = I_{R2}$, $U_{R1} = 10k\Omega * 1mA = 10V$
$U_{out} = -U_{in} * R_1/R_2 = -10V$
Verstärkung $v = U_{out}/U_{in} = -R_1/R_2 = 10$

Man kann zum besseren Verständnis auch sagen, daß der Operationsverstärker so lange die Ausgangsspannung verändert, bis die Differenzspannung U_d am Eingang = 0mV ist.
Dieses Schaltungsprinzip des invertierenden OPs ist im Gegensatz zum nicht invertierenden Verstärker *(siehe 8.3.3, Seite 68)* in der Lage, einen Verstärkungsfaktoren < 1 einzustellen.
Der Eingangswiderstand dieser Schaltung ist einfach zu bestimmen:

$$Gl.\ 43 \qquad R_{in} = R_2$$

In der Praxis bedeutet das, daß dieser Wert in der Regel nicht besonders hoch ist. Im obigen Beispiel beträgt er 1kΩ. Dieser Nachteil wird in dem anschließend beschriebenen Schaltungsprinzip des nicht invertierenden Verstärkers vermieden.

8.3.3 Nicht invertierender Verstärker

Wie der Name schon ausdrückt, ist bei diesem Schaltungsprinzip die Phase des Ausgangssignals in Phase mit dem Eingangssignal.

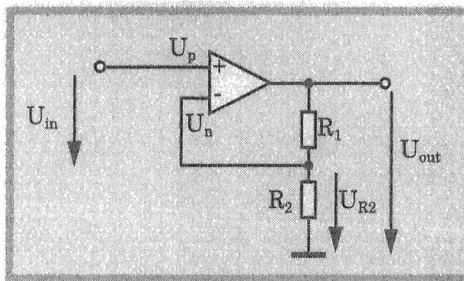

Abb. 73 Prinzipschaltbild des nicht invertierenden Verstärkers

Dieser Verstärker funktioniert folgendermaßen: ein Teil der Ausgangsspannung wird auf den invertierenden Eingang rückgekoppelt. Dieser Koppelfaktor, beziehungsweise die Verstärkung, wird durch das Verhältnis der Widerstände R_1 und R_2 bestimmt. Wie leitet sich nun konkret die Verstärkung ab?

Auch hier gilt die Bedingung, daß die Punkte U_p und U_n in erster Näherung auf gleichem Potential liegen müssen. Das bedeutet, daß $U_{in} = U_p = U_n = U_{R2}$ ist. Durch den Spannungsteiler am Ausgang läßt sich folgende Beziehung aufstellen:

$$Gl.\ 44 \qquad \frac{U_{out}}{U_{in}} = \frac{R_1 + R_2}{R_2}$$

Als Verstärkung ergibt sich:

$$Gl.\ 45 \qquad v = \frac{U_{out}}{U_{in}} = \frac{R_1 + R_2}{R_2} = 1 + \frac{R_1}{R_2}$$

An dieser Beziehung wird auch deutlich, daß die Verstärkung immer ≥ 1 ist.

Ein Sonderfall ist gegeben, wenn R1 = 0 ist. Dann wird die Verstärkung v = 1.

Dieser Verstärker mit v=1 wird auch als Spannungsfolger oder Impedanz-wandler bezeichnet, da er einen hohen Eingangs- und kleinen Ausgangswiderstand hat. Im Gegensatz zur invertierenden OP-Schaltung wird hier der Eingangswiderstand des Verstärkers nicht durch externe Bauteile bestimmt, sondern einzig und allein durch die Eingangsstufe des OPs.

Ist diese mit bipolaren Transistoren (aufgebaut aus PNP- oder NPN - Übergängen) beschaltet, betragen die Werte für den Eingangswiderstand einige MΩ. Das ist für viele Meßaufgaben ausreichend, wenn die Signalquelle niederohmig ist. Hat aber die Signalquelle einen Ausgangswiderstand von mehreren kΩ, dann kann es erforderlich sein, einen OP mit Feldeffekttransistoren in der Eingangsstufe einzusetzen, da bei diesen Transistoren der Eingangswiderstand sehr hoch ist. Er liegt je nach Typ im Bereich von $10^{12}\Omega$ bis $10^{18}\Omega$.

8.4 Frequenzgang des Operationsverstärkers

Ein idealer Operationsverstärker hat eine unendlich hohe Verstärkung **unabhängig** von der Frequenz. Bei der Betrachtung eines realen OPs kann man dagegen folgenden Ansatz machen, um die Verstärkungseigenschaften zu verstehen:

• der OP als **Gleichspannung**sverstärker mit der Leerlaufverstärkung v_0
• der OP als **Wechselspannung**sverstärker mit der Berücksichtigung seiner frequenzabhängigen Komponenten

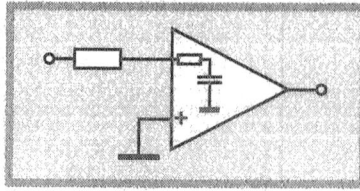

Abb. 74 Der OP als Tiefpaß

In erster Näherung kann der Operationsverstärker als Tiefpaß 1. Ordnung betrachtet werden. Damit erhält man einen frequenzabhängigen Spannungsteiler. Die Übertragungsfunktion eines RC-Tiefpasses lautet:

$$Gl.\ 46 \qquad \frac{U_{out}}{U_{in}} = \frac{1}{1 + j\omega RC}$$

Da der Kondensator ein komplexer Widerstand ist, führt diese Anordnung des Tiefpasses zu einer Phasenverschiebung φ zwischen Ausgangs- und Eingangssignal:

$$Gl.\ 47 \qquad \tan\varphi = -\omega \cdot R \cdot C \qquad \varphi = \mathrm{atan}(-\omega \cdot R \cdot C)$$

Um einen Gesamtüberblick über die Bandbreite und die Phasenverschiebung zu bekommen, benutzt man das sogenannte **Bodediagramm** *(siehe Abb. 75)*, bei dem die Verstärkung über der Frequenz, doppeltlogarithmisch aufgetragen, dargestellt wird.
In der Elektrotechnik wird häufig das Verhältnis zweier Spannungen in Dezibel (dB) angegeben *(siehe 12.2, Seite 137)*. Der Logarithmus des Verhältnisses zweier Spannungen ergibt das Verhältnis in dB nach folgender Ausdruck:

$$Gl.\ 48 \qquad n = 20 \cdot \log\frac{U_1}{U_2}$$

Für einen OP ist der Verstärkungsfaktor definiert als das Verhältnis der Ausgangsspannung zur Eingangsspannung. Für die Verstärkung in dB erhält man somit folgenden Ausdruck:

$$Gl.\ 49 \qquad v = 20 \cdot \log\frac{U_a}{U_e}$$

Beispiel: Die Meßspannung am Eingang eines Verstärkers beträgt 0,1mV. Am Ausgang des Verstärkers wird eine Spannung U_a von 10V gemessen. Wie groß ist die Verstärkung:

$$v = 20 \cdot \log \frac{U_a}{U_e} = 20 \cdot \log \frac{10V}{100 \cdot 10^{-6} \cdot V} = 100\,dB$$

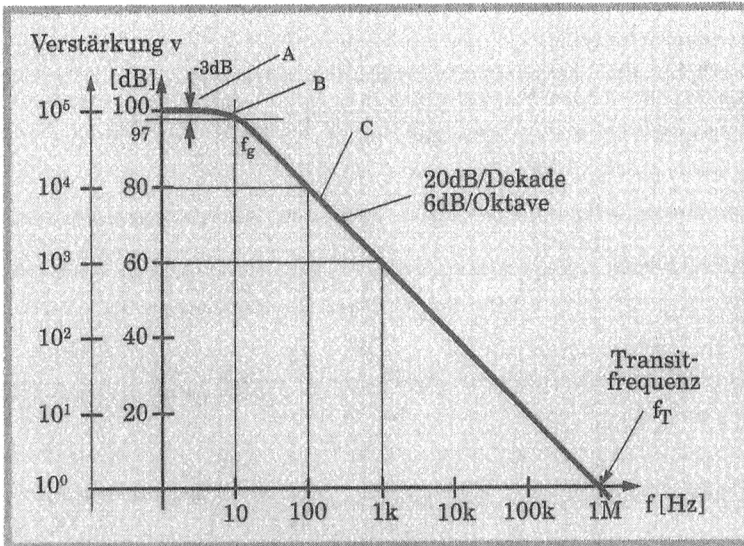

Abb. 75 Bodediagramm

Um das Bodediagramm interpretieren zu können, sind weitere Definitionen notwendig:
- **Grenzfrequenz**: unter diesem Begriff versteht man die Frequenz, bei der die Verstärkung um 3 dB, d. h. um den Faktor $1/\sqrt{2} = 0,707$, geringer wird.
- **Transitfrequenz**: dabei handelt es sich um die Frequenz, bei der die Verstärkung den Wert 1 erreicht, das heißt $U_a = U_e$.

In Abb. 75 ist der Verlauf der Verstärkung eines nicht gegengekoppelten Verstärkers dargestellt. Den Verlauf der Kurve kann man in drei Abschnitte einteilen:

a) Abschnitt A: im Frequenzbereich von 0...6Hz hat der OP eine Leerlaufverstärkung von 100dB. Der kapazitive Anteil des Tiefpasses hat auf die Verstärkung noch keinen Einfluß.

b) Abschnitt B: oberhalb von 6 Hz beginnt die Kapazität des Tiefpasses einen größeren Einfluß zu nehmen. Dadurch sinkt die Verstärkung.

c) Abschnitt C: nachdem die Frequenz den 3 dB-Punkt erreicht hat, sinkt die Verstärkung linear (in erster Näherung) in der doppelt-logarithmischen Darstellung mit 20 dB / Dekade weiter, bis er beim Schnittpunkt mit der X-Achse die Verstärkung v = 1 (Transitfrequenz) erreicht. Beim weiteren Verlauf der Kurve wird die Verstärkung negativ, das bedeutet eine Dämpfung des Eingangssignals.

Resümee: Ein solcher Verstärker ist für Meßzwecke kaum geeignet.

Um die Eigenschaften des Operationsverstärkers deutlich zu verbessern, wird ein Teil der Ausgangsspannung auf den Eingang gegengekoppelt.

8.4.1 Phasenverschiebung

Betrachtet man den Operationsverstärker genauer, handelt es sich um einen Tiefpaß höherer Ordnung[a], da diverse Kapazitäten im mehrstufigen Aufbau zur Wirkung kommen. Dadurch ist der Verlauf der Übertragungsfunktion oberhalb der Grenzfrequenz zuerst durch den Tiefpaß 1. Ordnung (mit 20dB/Dekade Abfall der Verstärkung) geprägt. Im weiteren Verlauf werden die Tiefpässe höherer Ordnung wirksam und die Kurve verläuft dann mit 40, 60 und 80 dB/Dekade weiter. Das bedeutet für die Phasenlage des Ausgangssignals, daß sie gegenüber dem Eingangssignal verschoben wird. Die Größe der Verschiebung ist frequenzabhängig.

Im Folgenden soll die Phasenverschiebung eines einstufigen, nicht invertierenden Verstärkers untersucht werden. Einstufig bedeutet, es soll sich um einen Tiefpaß erster Ordnung handeln. Dadurch gibt es, abhängig von der Frequenz, eine Phasenverschiebung von 0° bis -90°.

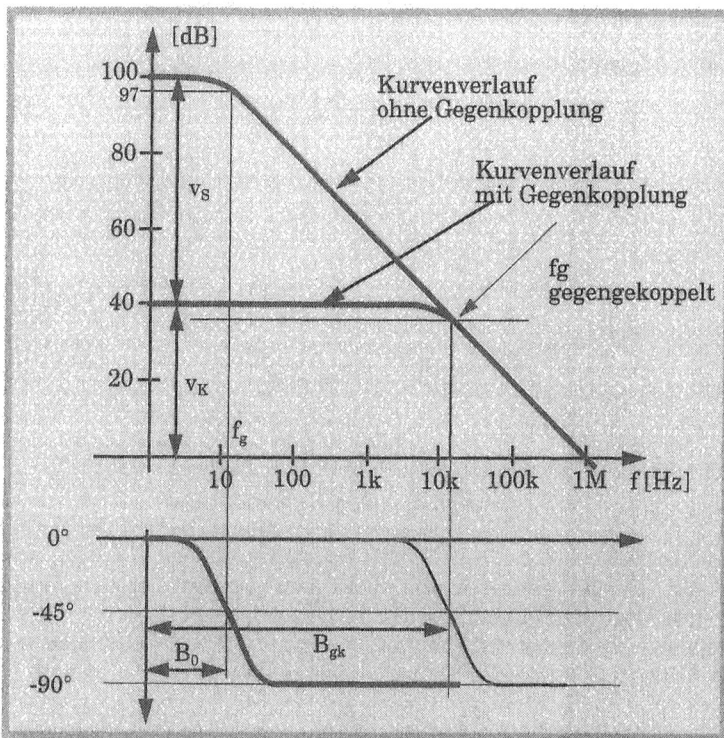

Abb. 76 Bodediagramm und Phasenverschiebung eines Ops (TP 1.Ordnung)

An dieser Graphik kann man den Zusammenhang zwischen Verstärkung, Bandbreite und Phasenverschiebung deutlich erkennen. Die Grenzfrequenz des nicht gegengekoppelten Verstärkers liegt bei ca. 20Hz. Durch Gegenkopplung wird in diesem Beispiel eine Verstärkung von 40dB (Faktor 100) eingestellt. Dadurch verschiebt sich die Grenzfrequenz

---

a. Tiefpaß 1. Ordnung: z.B. ein RC-Glied, Tiefpaß 2. Ordnung: **zwei** RC-Glieder in Reihe,...

auf ca. 20kHz. Grundsätzlich hat man bei der Grenzfrequenz eine Phasenverschiebung von -45°, die sich bei steigender Frequenz bis 90° vergrößert.

Die Summe aus v_K (eingestellte Verstärkung) und v_S (Schleifenverstärkung) ist konstant. Leider ist der OP nur in erster Näherung ein Tiefpaß erster Ordnung. Er ist aus mehreren Stufen aufgebaut, in denen jeweils Kapazitäten nicht erwünschte Effekte verursachen. Das führt dazu, daß die Übertragungsfunktion nach Erreichen der 1. Grenzfrequenz im weiteren Verlauf steiler abfällt. Bei der 2. Grenzfrequenz wird der Tiefpaß 2.Ordnung wirksam und die Übertragungsfunktion der Verstärkung fällt mit 40dB/Dekade ab. Die Phasenlage verschiebt sich ebenfalls um weitere 45°, d.h. um -90° + (-45°) = -135°. Im weiteren Verlauf geht die Phasenverschiebung gegen -180°.

Dieses führt zu Instabilitäten und Schwingneigung des Verstärkers, wenn die folgenden 2 Bedingungen erfüllt werden:

a) Phasenbedingung: die Phasenverschiebung zwischen Ausgangssignal und Eingangssignal geht gegen 0°.

b) Amplitudenbedingung: der Betrag Schleifenverstärkung, also die Amplitude des Ausgangssignals gegenüber dem Eingangssignal ist größer als 1.

Werden beide Bedingungen erfüllt, führt dies zu einer ungedämpften Schwingung des Verstärkers, die in jedem Fall verhindert werden muß.

Dies geschieht durch eine Frequenzkompensation.

8.4.2 Frequenzkompensation

Die Schwingneigung des Ops kann dadurch verhindert werden, daß in der Gegenkopplung Kapazitäten eingesetzt werden, die die internen Tiefpässe höherer Ordnung des Verstärkers so verschieben, daß sie erst nach der Transitfrequenz wirksam werden können. Man erzielt dadurch eine Phasenreserve, indem man einen neuen Tiefpaß einbaut, der bis zur Transitfrequenz allein frequenzbestimmend ist.

Durch diesen zusätzlichen Tiefpaß wird zwar die nützliche Bandbreite stark eingeschränkt, aber dieser Verstärker arbeitet stabil.

Viele Operationsverstärker sind intern bereits gegengekoppelt, sodaß sie unter allen eingestellten Verstärkungsfaktoren stabil und sicher arbeiten. Es gibt aber auch OPs, die nicht intern gegengekoppelt sind. Diese haben zwar eine höhere Bandbreite, müssen vom Anwender aber immer kompensiert werden. Dies ist in einigen Fällen sehr sinnvoll, wenn man einen bestimmten OP einsetzen will, den es sowohl in kompensierter als auch in unkompensierte Form gibt. Durch optimale Anpassung des Kondensators an die Verstärkerschaltung kann man die Bandbreite deutlich heraufsetzen ohne Stabilitätsverluste zu erhalten. In der Praxis ist aber darauf zu achten, daß diese nicht intern frequenzkompensierten OPs häufig eine Mindestverstärkung von $v > 5$ haben müssen.

8.4.2.1 Kapazitive Belastung des Operationsverstärkers

Wird der Ausgang eines Operationsverstärkers kapazitiv belastet, kann durch eine zu geringe Phasenreserve bedingt, die Schaltung zum Schwingen neigen. Dies wird durch den Tiefpaß verursacht, der durch den Ausgangswiderstand des Operationsverstärkers und der Lastkapazität gebildet wird *(siehe Abb. 77, Seite 74)*.

Um diese Schwingneigung zu vermeiden, wird ein Kondensator C_{GK} parallel zum Gegenkoppelwiderstand R_{GK} geschaltet. Dadurch wird die Phasenverschiebung, die durch die Lastkapazität verursacht wird, im Bereich der kritischen Frequenz kompensiert. Die Wirkung läßt sich durch den Widerstand R_{EK} (ca. 50..100Ω) noch verbessern.

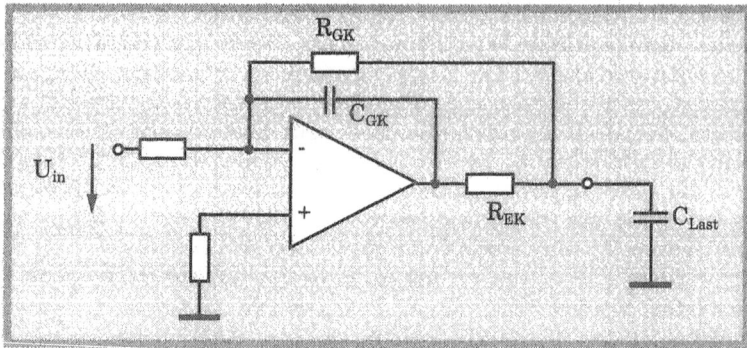

Abb. 77 Lead-Kompensation [30]

8.4.3 Stromversorgung

Um die Eingänge und Ausgänge des Operationsverstärkers mit einer Wechselspannung aussteuern zu können, wird eine Stromversorgung benötigt, die bipolar ist.

Bei vielen Operationsverstärkern benutzt man eine Versorgungsspannung von +/-15 V. Beim Betrieb ist darauf zu achten, daß die Eingangsspannung niemals über der Versorgungsspannung liegt, da der Baustein sonst beschädigt oder zerstört werden kann.

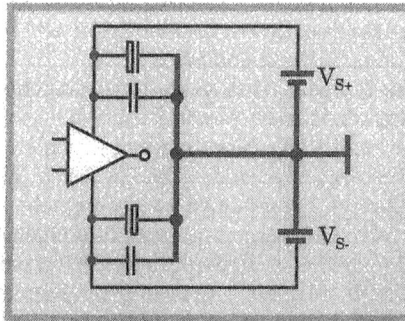

Abb. 78 Stromversorgung und Abblockkondensatoren

Die Ströme, die in elektronischen Meßverstärkern fließen, sind mit einigen mA in der Regel klein. Ein schneller Operationsverstärker mit einer hohen *slew rate*[a] muß aber in der Lage sein, in sehr kurzer Zeit am Ausgang einen hohen Strom, beispielsweise zum Umladen von Kabelkapazitäten, zu liefern. Das Problem dabei sind die Zuleitungen der Stromversorgung, die unter dynamischer Betrachtung nicht nur einen ohmschen Widerstand haben, sondern auch eine Induktivität bilden. Diese wirkt der schnellen Stromänderung entgegen. Zum „Abblocken" von Störungen der Versorgungsspannung ist es notwendig, Kondensatoren **dicht am OP** zu positionieren. Deshalb setzt man Elektrolytkondensato-

---

a. Anstiegsgeschwindigkeit

ren besonders zur Kompensation niedriger Frequenzen, vor allem der 50Hz Störungen, ein. Gleichzeitig wirken sie als Energiespeicher. Gut geeignet sind besonders Tantalkondensatoren. Sie sollten eine Kapazität von $2\mu F$ bis $10\mu F$ aufweisen. Zum Unterdrücken hochfrequenter Störungen werden induktivitätsarme Keramikkondensatoren mit einem Wert von 10 bis 100nF eingesetzt.

In vielen Fällen wird die Beschaltung der Stromversorgung des OPs im Stromlaufplan nicht gezeichnet, um die Übersichtlichkeit zu erhöhen.

8.4.4 Power supply rejection ratio (PSRR)

Bei Präzisionsverstärkern ist es wichtig abzuschätzen, welchen Einfluß eine Schwankung der Versorgungsspannung auf die Ausgangsspannung hat. Dieser Faktor wird als *Power supply rejection ratio (PSRR)* bezeichnet. Er ist allerdings nicht konstant, sondern frequenzabhängig. Für niedrige Frequenzen betragen übliche Werte 100 bis 140 dB. Das bedeutet, daß sich die Ausgangsspannung bei einem Operationsverstärker mit 120 dB PSRR um $1\mu V$ ändert, wenn die Versorgungsspannung um 1V schwankt!

Für hohe Frequenzen sind diese Werte deutlich niedriger: bei 10 kHz beträgt die Unterdrückung dieser Störungen nur noch 60 dB.

8.4.5 Common mode rejection (CMMR)

Unter diesem Begriff versteht man die Gleichtaktunterdrückung des Operationsverstärkers. Damit soll ausgesagt werden, wie gut der Baustein Gleichtaktsignale, die an beiden Eingängen anliegen und nach der Differenzbildung = 0 sein sollten, unterdrückt.

Legt man jeweils eine Spannung an den invertierenden und nicht invertierenden Eingang eines Operationsverstärkers, so wird sich am Ausgang eine um den Verstärkungsfaktor verstärkte Differenzspannung $U_2 - U_1$ ergeben: $U_a = v (U_2 - U_1)$

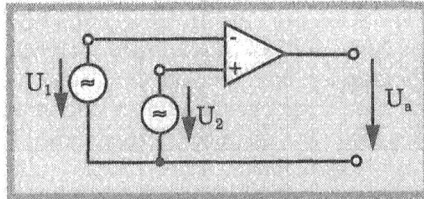

Abb. 79 Prinzip der Differenzbildung des OPs

Legt man an beide Eingänge dieselbe Spannung, sollte sich am Ausgang eine Spannung von 0mV einstellen, unabhängig von Amplitude des Eingangssignals und der Verstärkung.

Diese Eigenschaft kann man sich zur Unterdrückung von Störsignalen, die auf beide Eingangsleitungen eingekoppelt worden sind, sehr gut zu Nutze machen. Das elektromagnetische Störfeld induziert in beide Signalleitungen das gleiche Signal. Da es amplituden- und phasengleich ist, wird es durch die Differenzbildung kompensiert.

Diese sogenannten CMMR-Werte liegen bei den OPs im Bereich von 80 bis 130 dB.

Beispiel: Ein OP hat einen CMMR Wert von 120 dB. Eine Dämpfung von 120 dB entspricht dem Faktor 10^{-6}. Dieser Wert ist unabhängig von der eingestellten Verstärkung. Wird er als

Differenzverstärker beschaltet, dann erzeugt ein auf beiden Eingängen anliegendes gleiches Störsignal mit einer Amplitude von 1V am Ausgang eine Spannung von 1μV.

Mit diesem Verfahren lassen sich beispielsweise 50Hz Brummspannungen sehr gut unterdrücken. Bei empfindlichen Messungen sollte diese Gleichtaktunterdrückung nach folgendem Beispiel abgleichbar aufgebaut werden:

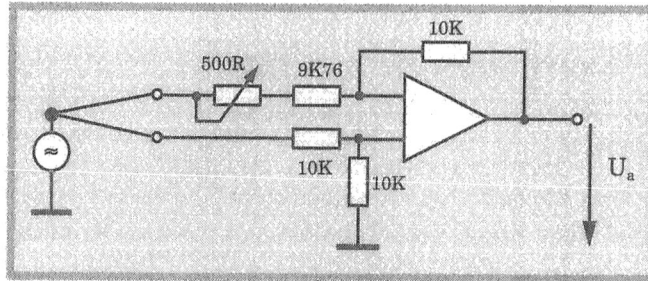

Abb. 80 Abgleich der Gleichtaktunterdrückung

Zum Abgleichen benutzt man einen Funktionsgenerator, erzeugt ein sinusförmiges Signal mit einer Amplitude von 10Vpp und einer Frequenz im Bereich von 100Hz bis 1kHz. Dann mißt man mit einem Oszilloskop die Ausgangsspannung. Die Amplitude wird mit dem 500R Trimmpoti auf minimale Amplitude abgeglichen.

Einschränkend muß darauf hingewiesen werden, daß die Gleichtaktunterdrückung bei höheren Frequenzen schlechter wird und die Herstellerangaben sich auf den Frequenzbereich bis ca. 1kHz beziehen.

8.4.6 Eingangsoffsetspannung

Im Idealfall liefert der OP am Ausgang eine Spannung von 0mV, wenn am Eingang kein Differenzsignal anliegt. Das ist in der Praxis aber nicht der Fall, da die beiden Eingangsstufen, bestehend aus Widerständen und Transistoren, nicht perfekt gleiche Eigenschaften haben. Daraus resultiert eine Eingangs-Offsetspannung, die sich am Ausgang als Fehler bemerkbar macht. Deren Polarität ist nicht vorhersagbar. Der Wert der Offsetspannung addiert sich zum Meßsignal und wird mitverstärkt. Bei reinen Wechselspannungsverstärkern spielt dieser Fehler keine Rolle. In der Meßtechnik müssen aber meistens die Gleichspannungsanteile ebenfalls gemessen werden. Dann ist es notwendig, diesen Fehler zu kompensieren.

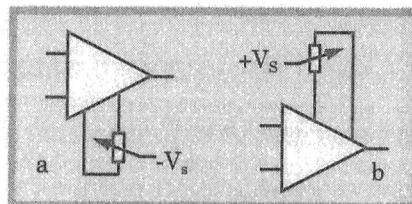

Abb. 81 Offsetkompensation

Aus diesem Grunde haben Präzisionsverstärker entsprechende Anschlüsse, an denen mit

Hilfe eines Potentiometers dieser Offsetfehler korrigiert werden kann.

Es ist dabei zu beachten, daß je nach Typ des OPs die Kompensation an die positive (b) oder negative (a) Versorgungsspannung angebunden wird. Außerdem variieren die Anschlußpunkte am IC, und das kann beim Ersetzen eines OPs zu Problemen führen.

Das Potentiometer sollte einen Wert von 10kΩ bis 1MΩ haben. Um optimale Werte zu erhalten, ist das Datenblatt zu Rate zu ziehen.

Falls es nicht möglich ist, die Offsetspannung auf diese Weise zu kompensieren, kann man eine variable Hilfsspannung erzeugen und den Bezugspunkt des Operationsverstärkers verschieben.

Beim Aufbau eines invertierenden Verstärkers würde das folgendermaßen aussehen:

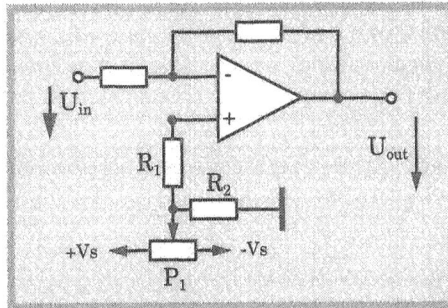

Abb. 82 Offsetkompensation durch Abgleich am Bezugspunkt

Da mit dieser Schaltung nur sehr kleine Spannungsdifferenzen im Bereich einiger mV abgeglichen werden sollen, müssen die Werte von R_1 und P_1 sehr viel größer als die von R_2 sein.

Beim nicht invertierenden Verstärker läßt sich der Abgleich mit der in Abb. 83 dargestellten Beschaltung durchführen:

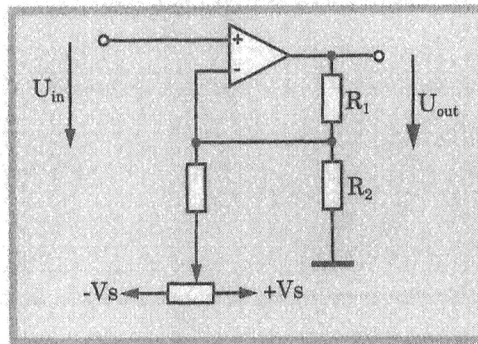

Abb. 83 Externe Offsetkompensation beim nicht invertierenden OP

Der Verstärkungsfaktor dieser Schaltung wird durch das Verhältnis der Widerstände R_1 und R_2 bestimmt (siehe 8.3.3, Seite 68). Mit Hilfe des Potentiometers läßt sich eine Spannung zu der aus dem Spannungsteiler gewonnenen am Bezugspunkt (invertierender Eingang) hinzufügen. Damit kann eine Offsetspannung addiert werden.

77

8.4.7 Eingangsoffsetspannungsdrift

Unter dieser Drift versteht man eine langsame Änderung der Offsetspannung. Diese ist hauptsächlich temperatur- und alterungsbedingt. Durch eine eventuell vorgenommene Offsetspannungskompensation vergrößert sich der Temperaturdrift noch zusätzlich.
Die in den Datenblättern angegebenen Spezifikationen bezüglich der Drift beziehen sich nur auf stabile Umgebungsbedingungen des OPs.
Diese Werte der Temperaturdrift liegen in der Größenordnung von 1 bis 20μV/K.

8.4.8 Open loop gain (A_{v0})

Unter diesem Begriff versteht man den (offenen) Verstärkungsfaktor des Operationsverstärkers **ohne** Gegenkopplung (Leerlaufverstärkung). Dieser liegt bei realen Operationsverstärkern in einer Größenordnung von 10^4 bis 10^7. Das bedeutet, daß ein OP, der eine open loop gain von 10^6 hat, eine Eingangsdifferenzspannung von 1μV auf 1V verstärkt

.

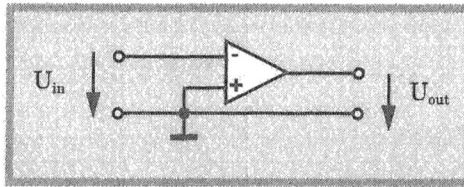

Abb. 84 Invertierender Verstärker ohne Gegenkopplung (open loop gain)

Dieser Verstärker arbeitet praktisch als Komparator. Jede kleine Änderung der Eingangsspannung führt zu einer sofortigen Übersteuerung und der Ausgang geht in die Sättigung.

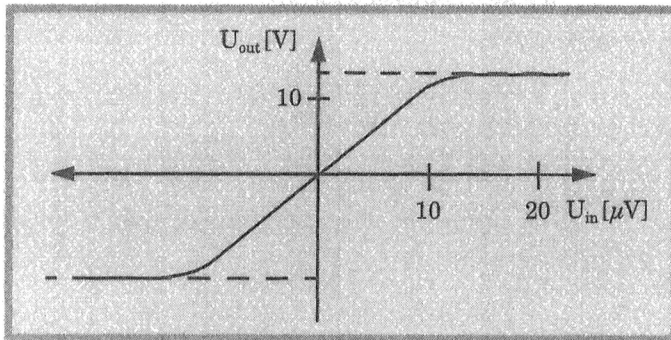

Abb. 85 Leerlaufverstärkung eines Operationsverstärkers

Die Steigung dieser Geraden ergibt die Leerlaufverstärkung des OPs. Diese beträgt bei diesem Beispiel $v_0 = 10^6$.
Dieser endliche Wert der Leerlaufverstärkung ist für den realen Operationsverstärker ein wichtiges Charakteristikum: proportional zu V_0 wird eine Differenzspannung U_D gebildet, die der OP benötigt, um am Ausgang eine um die Verstärkung V_0 höhere Spannung U_{out} zu

bilden. Das bedeutet: Je kleiner die Leerlaufverstärkung, um so größer ist die Differenz-spannung.

$$Gl.\ 50 \qquad U_{out} = V_0 \cdot U_D$$

Diese Spannung U_D verursacht aber einen Fehler, denn die Ausgangsspannung ist um den Wert dieser Spannung kleiner. Daher ist es zwingend notwendig, bei Präzisionsmessungen, deren Genauigkeit sich im Bereich dieser Differenzspannung bewegen, Operations-verstärker mit sehr hohen Leerlaufverstärkungen auszuwählen.

8.4.9 Eingangsruhestrom

Operationsverstärker haben einen endlichen Eingangswiderstand. Das bedeutet, daß ein Strom in den OP fließt, sobald eine Meßspannung anliegt. Dieser „Fehler" wird durch den Basisstrom der Eingangstransistoren verursacht. Dies führt zu einem Spannungsabfall an den externen Widerständen. Bei bipolaren OPs liegt dieser Strom in der Größenord-nung einiger nA, bei Eingangsstufen mit FETs beträgt er typischerweise 1 bis 50pA. Für spezielle Meßaufgaben -wenn beispielsweise empfindliche Strom-Spannungswandler ein-gesetzt werden müssen- gibt es extrem hochohmige OPs, deren Eingangsströme < 100 fA sind [21].

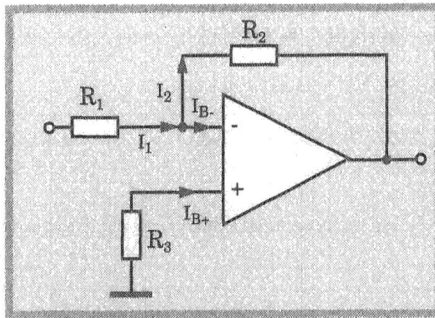

Abb. 86 Kompensationsschaltung für den Ruhestrom

Eine Kompensationsschaltung wird so aufgebaut, daß der nicht invertierende Eingang nicht direkt, sondern über einen Widerstand R, der den gleichen Wert wie die Parallel-schaltung von R_2 und R_1 ergibt, auf Masse-Potential gelegt wird. Somit erzeugt der Fehler-strom über beiden Widerständen den gleichen Spannungsabfall U_f, der durch die Diffe-renzbildung des OPs dann am Ausgang keine Auswirkung mehr hat.

8.4.10 Eingangswiderstand

Bei vielen Meßaufgaben ist der Eingangswiderstand des Verstärkers von großer Bedeu-tung. Dabei muß beachtet werden, daß dieser sowohl durch die äußere Beschaltung als auch durch den OP selber bestimmt werden.

Bei der Spezifikation des Eingangswiderstandes des OPs werden zwei Angaben gemacht:
- Differenzeingangswiderstand
- Gleichtakteingangswiderstand

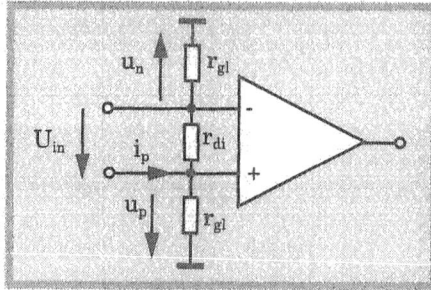

Abb. 87 Eingangswiderstände des OPs

Der Differenzeingangswiderstand berechnet sich aus:

$$\text{Gl. 51} \quad r_D = \frac{u_p - u_n}{i_p}$$

Dieser Widerstand liegt bei bipolaren OPs in der Größenordnung einiger MΩ.
Der Gleichtaktwiderstand ergibt sich entsprechend dazu aus folgender Beziehung:

$$\text{Gl. 52} \quad r_{gl} = \frac{u_p}{i_p}$$

Er liegt bei den meisten Operationsverstärkern in der Größenordnung von mehreren GΩ *(siehe Tab. 14, Seite 83)*.

8.5 Aufbau des Operationsverstärkers

Stark vereinfacht kann man sich den OP entsprechend Abb. 88 aufgebaut vorstellen.
Es handelt sich um *mehrstufige* Schaltungen, die im Wesentlichen aus drei Gruppen bestehen:
- Differenzverstärker als Eingangsstufe
- Spannungsverstärker als Zwischenstufe
- Gegentaktverstärker als Endstufe

Die Eingangsstufe ist symmetrisch aufgebaut und besteht aus zwei identischen und thermisch gekoppelten Transistoren.
Wird eine Eingangsspannungsdifferenz V_{in} angelegt, so wird der Transistor T_1 bzw. T_2 leitend. Dadurch fließt ein Strom durch die Kollektorwiderstände und verursacht einen Spannungsabfall. In Abb. 89 ist die Innenschaltung eines OPs ausführlicher dargestellt. Der Transistor T_4 hat als Arbeitswiderstand für T_2 die Funktion einer Stromquelle.

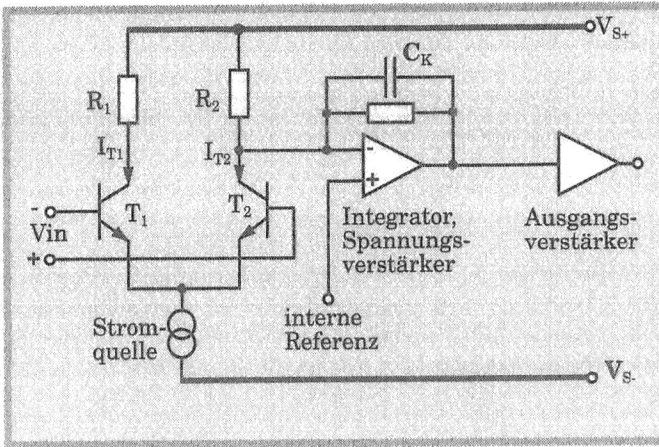

Abb. 88 Prinzipieller Aufbau eines OPs

Dieser Strom ist aber nicht konstant, da er über T_5 abhängig vom Strom ist, der durch T_1 fließt. Mit T_3 wird so ein sogenannter *Stromspiegel* gebildet. Somit ist es möglich, aus der Differenzeingangssspannung eine unsymmetrische Spannung an der Basis des Transistors T_6 zu bilden.

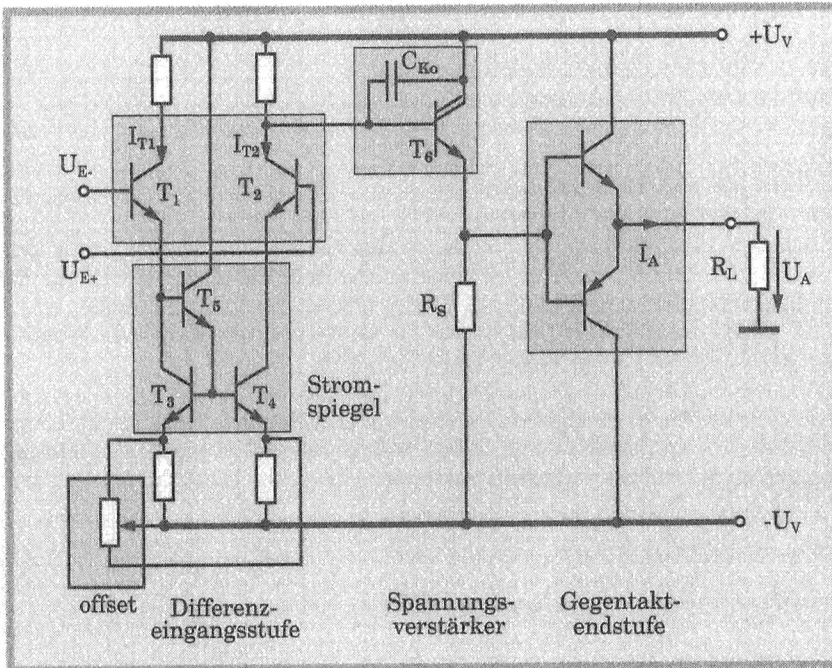

Abb. 89 Prinzipschaltbild eines Operationsverstärkers

Die Offsetschaltung an den Emitterwiderständen von T_3 und T_4 ermöglicht es, die Ruheströme durch die Transistoren zu verändern. Damit ist es möglich, die Ausgangsspannung auf 0mV abzugleichen, wenn die Eingangsspannungsdifferenz 0mV ist. Dieser Fehler tritt auf, da die Bauteile der Differenzstufe nicht perfekt gleich sind.

Der Transistor T_6 symbolisiert die Spannungsverstärkung mit dem wichtigen Kondensator C_{KO}. Dieser Koppelkondensator dient in der Spannungsverstärkerstufe zur Korrektur des Frequenzgangs *(siehe 8.4.2, Seite 73)*. Man unterscheidet Operationsverstärker in extern vom Anwender zu kompensierende oder vom Hersteller bereits intern kompensierte.

Der Ausgangsverstärker wird durch die Gegentaktstufe gebildet. Sie ist in der Abb. 89 symbolisch durch den NPN und den PNP-Transistor dargestellt. Die Ausgangsspannung kann theoretisch alle Werte im Bereich der Betriebsspannung annehmen. Eine sichere Aussteuerung ist allerdings nur im eingeschränkten Bereich möglich, da an den internen Halbleitern Spannungen abfallen und die Transistoren schon früher in die Sättigung gelangen. Bei einer Versorgungsspannung von +/- 15V kann man normalerweise mit einer Ausgangsspannung von bis zu +/- 12V arbeiten.

Die Ausgangsströme, die Operationsverstärker abgeben können, liegen in der Regel im Bereich von 10mA bis 30mA.

8.6 OP-Übersicht

In der Meßtechnik ist es häufig erforderlich, vor der Entwicklung eines Verstärkers genau zu definieren, welche Spezifikationen des Operationsverstärkers erfüllt sein müssen *(siehe Tab. 14, Seite 83)*.

Wenn die Randbedingungen festgelegt sind, können die Spezifikationen der Genauigkeit definiert werden:

• welche Bandbreite muß der OP mindestens haben
• wie groß darf die Offsetspannung sein
• wie groß ist der Temperaturkoeffizient
• welche Leerlaufverstärkung muß der OP haben
• wie groß ist die Gleichtaktunterdrückung
• wie hoch ist der Eingangsfehlerstrom

Bei der Auswahl des OPs spielt die Analyse des Meßsignals und der Quelle eine Rolle:

• Enthält das Meßsignal keine Gleichspannungsanteile, sondern liefert eine Wechselspannung, dann spielen die Offset- und Driftprobleme des OPs keine Rolle.
• Hat das Meßsignal hohe Frequenzanteile (> 1MHz), so ist es erforderlich, einen OP mit großer „slew rate" und hoher Bandbreite einzusetzen.
• Beim Meßverstärker muß berücksichtigt werden, daß die Verstärkung über den gesamten Frequenzbereich genügend hoch ist, um eine ausreichende Genauigkeit zu erzielen.
• Der Wert der Leerlaufverstärkung ist bei Präzisionsmessungen sehr wichtig: der Fehler wird durch die Schleifenverstärkung bestimmt: $g = v_0 \cdot k$

Eigenschaft	Formel Größe	Standard 741	rauscharm 027	Präzision 177	schnell 841
Leerlauf-verstärkung	A_{u0}	$25*10^3$ 88 dB	$1*10^6$ 120 dB	$12*10^6$ 141 dB	$13*10^6$ 142 dB
Gleichtakt-unterdrückung	G	90 dB	126 dB	140 dB	60 dB
Eingangs-offset	U_0	500 μV	10 μV	4 μV	3000 μV
Eingangs-offsetdrift	Δ_{U0}	5 μV/K	0,2μV/K	0,1μV/K	5μV/K
Eingangsruhe-strom	I_B	80 nA	10 nA	0,5 nA	2000 nA
Ausgangs-strom	I_{Amax}	25 mA	30 mA	20 mA	100 mA
Gleichtaktein-gangswiderst.	r_G	10 GΩ	3 GΩ	200 GΩ	
Differenz-Ein-gangswiderst.	r_D	2 MΩ		45 MΩ	1,5 MΩ
Ausgangswi-derstand	r_a	100 Ω	70 Ω	60 Ω	9 Ω
Grenzfre-quenz	f_g	10 Hz	4Hz	0,08 Hz	800 Hz
unity gain bandwith	v · ft	1 MHz	8 MHz	0,6 MHz	140 MHz
slew rate	dUa/dt	0,5V/μs	2,8V/μs	0,3V/μs	2500V/μs
noise	nV/$\sqrt{}$Hz	50	3	120	1,9
PSRR	μV/V	30	1	1	3100

Tab. 14 Eigenschaften verschiedener OP-Typen

8.6.1 Bauform

In der Abb. 90 sind zwei weitverbreitete Gehäuse mit typischer Anschlußbelegung dargestellt.

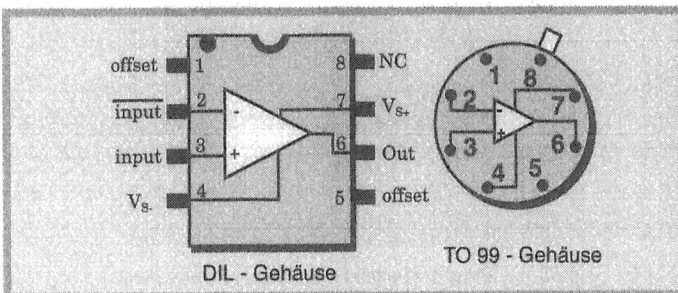

Abb. 90 Zwei typische Operationsverstärkergehäuse mit Beschaltung (top view)

Bei dem ersten handelt es sich um ein „dual-inline", bei dem zweiten um eine runde Bauform mit Metallgehäuse. Von den Anschlüssen unterscheiden sie sich meistens nicht. Oft gibt es mehrere Qualitätsstufen des gleichen OPs. Die qualitativ bessere Version ist meistens in dem Metallgehäuse untergebracht.

8.7 Spezialschaltungen

8.7.1 Differenzverstärker

Dieser Verstärkeraufbau ist beispielsweise notwendig, wenn die Signalquelle *floatet,* das heißt, nicht massebezogen ist. Das ist bei Meßbrücken der Fall, aber auch oft bei Thermoelementen oder Shuntmessungen.

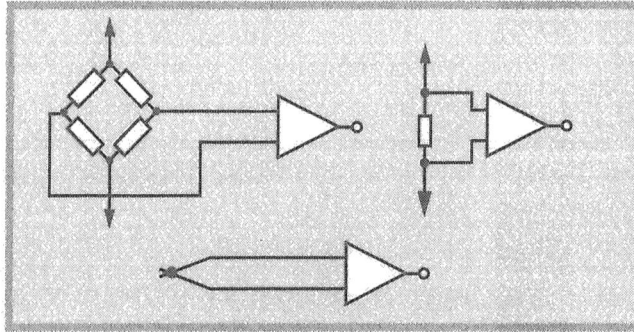

Abb. 91 Differenzverstärker für floatende Signalquellen

Es ist häufig auch sinnvoll, einen Differenzverstärker in die Eingangsstufe eines Meßsystems einzusetzen, auch wenn die Signalquelle ein massebezogenes Signal liefert. Der Vorteil liegt in der sehr hohen Gleichtaktunterdrückung von niederfrequenten Störsignalen (> 100dB), die auf beiden Eingängen liegen können. Der praktische Aufbau sieht folgendermaßen aus:

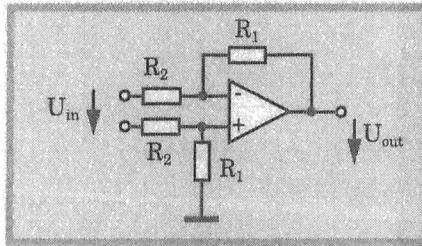

Abb. 92 Prinzipschaltbild des Differenzverstärkers

Die Verstärkung dieses Aufbaus wird folgendermaßen berechnet:

$$Gl.\ 53 \qquad v = \frac{U_{out}}{U_{in}} = \frac{R_1}{R_2}$$

Die Widerstände müssen für genaue Messungen und hohe Gleichtaktunterdrückung (CMMR) sehr hochwertig und eng toleriert sein. Um eine optimale Anpassung zu erreichen, kann beispielsweise der Widerstand R_2 zusammengesetzt werden aus einem Trimmer und einem festen Widerstand. Die Aufteilung sollte sinnvollerweise so aussehen:

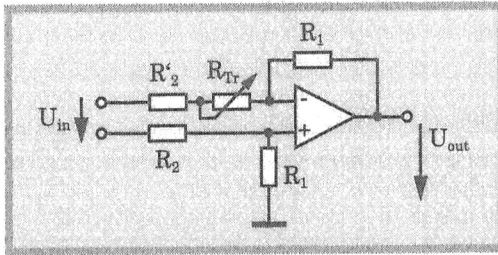

Abb. 93 Differenzverstärker mit Abgleich von CMMR

Die Dimensionierung wählt man in folgender Größenordnung:
$R'_2 = 0,95 \cdot R_2 \quad R_{Tr} = 0,1 \cdot R_2$
Damit kann der Wert um +/- 5% variiert werden.
Dieser Schaltungsaufbau hat aber einen Nachteil, der für bestimmte Meßaufgaben Probleme verursacht.
• Der Eingangswiderstand ist relativ klein
• Das Verhältnis Eingangswiderstand - Quellwiderstand bestimmt die Genauigkeit der Messung.

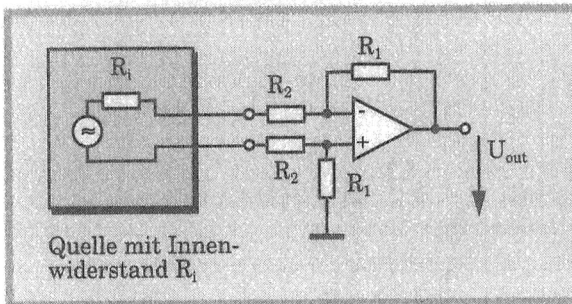

Abb. 94 Differenzverstärker an Signalquelle mit Innenwiderstand

Der Innenwiderstand der Signalquelle R_i geht voll in die Berechnung der Verstärkung mit ein:

$$Gl.\ 54 \qquad v = \frac{U_{out}}{U_{in}} = \frac{R_1}{R_2 + R_i}$$

Wählt man beispielsweise für R_2 einen Widerstand mit dem Wert von 1kΩ, so darf der Innenwiderstand der Quelle nur 1Ω betragen, wenn der Fehler <0,1% sein soll. Diese Forderung läßt sich sehr häufig nicht erfüllen.

Dieses Problem, unabhängig vom Quellwiderstand zu werden, läßt sich durch eine Anordnung von 3 Operationsverstärkern erreichen, die als Instrumenten- oder Elektrometerverstärker bezeichnet wird.

8.7.2 Instrumentenverstärker

Für Präzisionsmessungen erzielt man die besten Ergebnisse mit einem Instrumentenverstärker, dessen Eigenschaften viele Vorteile bieten:
• hoher Eingangswiderstand
• kleine Temperaturdrift
• hohe Gleichtaktunterdrückung
• hohe Linearität

Diese Verstärkertypen sind in der Regel aus drei einzelnen OPs mit den verstärkungsbestimmenden Widerständen aufgebaut und in einem Baustein integriert. Diese Widerstände werden auf dem Chip abgeglichen (lasergetrimmt). Dadurch lassen sich die Widerstandsverhältnisse mit kleinsten Toleranzen herstellen. Das heißt aber, daß die absoluten Werte um bis zu 25% schwanken. Das hat aber nur eine Bedeutung, wenn man durch externe Beschaltung andere als vom Hersteller vorgesehene Verstärkungsfaktoren einstellen will.

Der innere Aufbau dieser Verstärker sieht prinzipiell folgendermaßen aus:

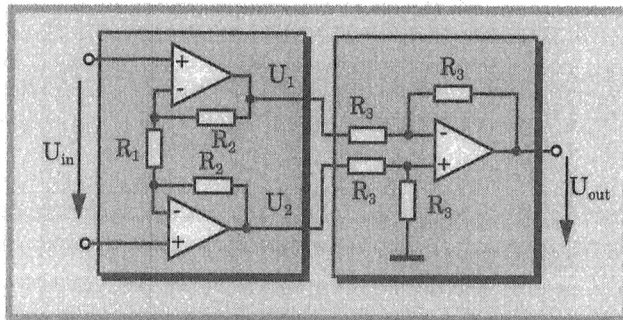

Abb. 95 Innerer Aufbau eines Instrumentenverstärkers

Man erkennt zum einen die Eingangsstufe, die aus zwei OPs besteht, die jeweils mit einem Widerstand R_2 gegengekoppelt sind. Läßt man R_1 weg, so haben beide OPs eine Verstärkung von 1 *(siehe 8.3.3, Seite 68)*.

In dem folgenden Verstärker wird die Differenz der beiden Ausgangsspannungen U_2 - U_1 gebildet.

In der zweiten Stufe sind alle Widerstände gleich. Daraus folgt, daß die Verstärkung gleich 1 ist.

Allgemein berechnet sich unter den vorher genannten Randbedingungen die Verstärkung folgendermaßen:

$$Gl.\ 55 \qquad v = \frac{U_{out}}{U_{in}} = 1 + \frac{2R_2}{R_1}$$

Aus diesem einfachen Ausdruck wird deutlich, daß die Verstärkung durch die Veränderung von R_1 eingestellt werden kann.

Obwohl die Widerstände lasergetrimmt und alle Bauelemente auf einem Chip integriert und gut thermisch gekoppelt sind, wird es sich nicht ganz vermeiden lassen, daß Offsetspannungen erzeugt werden. Diese Fehlspannung wird zum einen in den beiden Eingangsoperationverstärkern, zum anderen im Ausgangs-Differenzverstärker erzeugt. Aus diesem Grunde gibt es bei vielen Instrumentenverstärkern Anschlüsse für „input offset adjust" und „output offset adjust".

Um die Fehler, die durch die Signalleitungen am Ausgang entstehen können *(siehe Abb. 141, Seite 128)*, zu kompensieren, werden die kritischen Anschlüsse (Referenzpunkte der Widerstände R_3) häufig separat aus dem IC herausgeführt.

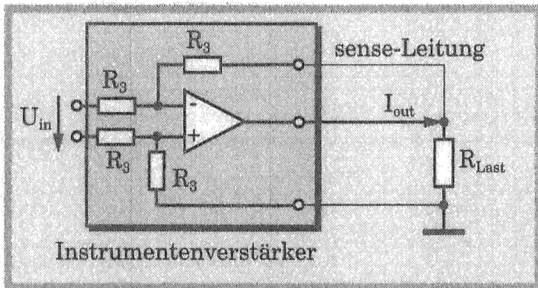

Abb. 96 Instrumentenverstärker mit sense-Leitungen

Diese sense-Leitungen müssen aber in jedem Fall angeschlossen werden. Wenn diese Verbindungen an dem Lastwiderstand nicht möglich sind, sind sie an einer anderen Stelle, im Zweifel am IC direkt, vorzunehmen.

Es werden viele Instrumentenverstärker mit mehreren, fest programmierten Verstärkungsfaktoren angeboten. Diese lassen sich leicht vom Anwender einstellen. Sie sind folgendermaßen in der Eingangsstufe aufgebaut:

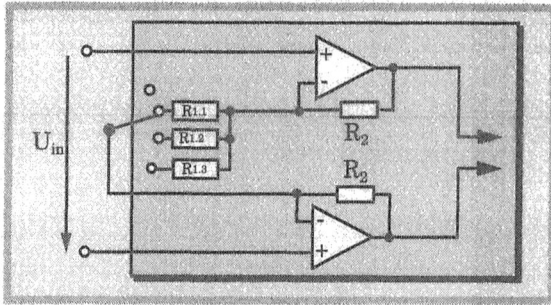

Abb. 97 Eingangstufe eines Instrumentenverstärkers mit umschaltbarer Verstärkung

Wie in Gl. 55 gezeigt wurde, läßt sich die Verstärkung durch Veränderung von R1 variieren. Die Widerstände $R_{1.1}$ bis $R_{1.3}$ bestimmen über folgende Beziehung die Verstärkung:

$$Gl.\ 56 \qquad R_{1,\,x} = \frac{2R_2}{g-1}$$

Ein weiterer großer Vorteil dieser Verstärker besteht darin, daß man diese Umschaltung nicht nur mit einem mechanischen Schalter, sondern auch mit Hilfe eines elektronischen Schalters durch einen Computer leicht durchführen kann.

Um einen Überblick zu bekommen, werden in folgender Tabelle einige handelsübliche Instrumentenverstärker aufgeführt

Typ Hersteller	Nonlinearity (g=100) [%]	gain	offset drift $\mu V/^\circ C$	bias current	CMR	bandwith g=100
INA 110 B/B	+/-0,01	1.10,100, 200,500	2	50pA	106 dB	470kHz
INA 1311 B/B	+/- 0,002	100	0,25	2nA	110dB	50kHz
INA 101 B/B	0,003	1-1000	0,25	15nA	96dB	25kHz
AD 624 Analog	0,001	1,100, 200,500	0,25	25nA	130dB	150kHz
AD 524 Analog	0,003	1,10,100,1 000	0,5	15nA	120dB	150kHz
AD 620 Analog	0,1	1-1000	1	2nA	93dB	120kHz
AMP 01 PMI	0,005	0,1-10.000	0,3	4nA	125dB	82kHz
AMP 05 PMI	0,007	1-1000	10	50pA	110dB	120kHz
LTC1100 Linear	0,0008	100	0,02	25pA	110dB	20kHz
LT1102 Linear	0,001	10,100	2,5	50pA	100dB	300kHz

Tab. 15 Instrumentenverstärker

8.8 Analoge Rechenschaltungen

8.8.1 Addierschaltung

Es ist häufig erforderlich, entweder mehrere Signalquellen gemeinsam weiterzuverarbeiten oder zu einer Meßspannung eine zweite Referenzspannung hinzuzufügen. Dazu kann man einen Operationsverstärker als Addierer beschalten. Der prinzipielle Aufbau sieht folgendermaßen aus:

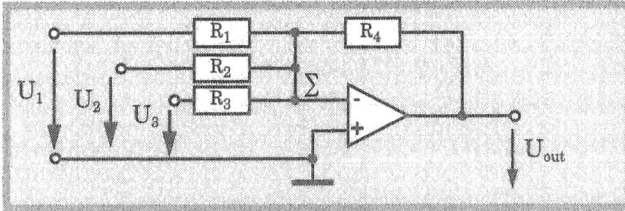

Abb. 98 Addierverstärker

Diese Schaltung ist eine einfache Erweiterung des invertierenden Verstärkers. Der Summenpunkt $\sum$, an dem die Summe aller Ströme = 0 ist, bildet eine virtuelle Masse. Die Ausgangsspannung setzt sich nun aus folgender Beziehung zusammen:

$$Gl.\ 57 \qquad -U_{out} = \frac{R_4}{R_1} \cdot U_1 + \frac{R_4}{R_2} \cdot U_2 + \frac{R_4}{R_3} \cdot U_3$$

An diesem Ausdruck wird deutlich, daß die Verstärkungsfaktoren jeder einzelnen Eingangsspannung bei Bedarf unterschiedlich gewichtet werden können. Das Minuszeichen vor der Ausgangsspannung bedeutet, daß sich die Phase um 180° dreht.

8.8.1.1 Offsetschaltung

In vielen Fällen liefern Signalquellen, die in irgendeiner Form aufgezeichnet werden sollen, Spannungen, die nicht symmetrisch zu Null sind. Das hat zur Folge, daß man beim Auswerten nicht die maximal mögliche Verstärkung benutzen kann. Beim Registrieren mit einem Schreiber oder Computer kann somit ein Teil der Auflösung verlorengehen. Wird bei der Messung ein Computer eingesetzt, benötigt man einen Analog-Digital-Wandler. Diese haben häufig einen Spannungseingang von +/- 10V. Um eine maximale Auflösung zu erreichen, muß das Meßsignal so aufbereitet werden, daß dieser ganze Spannungsbereich ausgenutzt wird.

Beispiel: Eine Sensorspannung soll verstärkt werden. Sie bewegt sich zwischen -50mV und +150mV. Am Ausgang ist ein Meßgerät mit einem Meßbereich von +/-10V. Um diesen optimal auszunutzen, sollte die Meßspannung um den Nullpunkt symmetriert werden. Dazu muß eine Spannung U_2 addiert werden. Zusammengefaßt gelten die Vorgaben: $U_{out} = 20V_{pp}$, $U_{in} = 200mV_{pp}$. Daraus folgt für die Verstärkung des Sensorsignals: $v = 100$. Um die Sensorspannung zu symmetrieren, müßte eine zweite Spannung von -50mV (bei gleicher Verstär-

89

kung) addiert werden. Es ist aber häufig sinnvoller, an dieser Stelle mit einer höheren Spannung zu arbeiten. Daher soll eine Spannung von -500mV addiert werden. Dann muß aber für diese Spannung die Verstärkung um den Faktor 10 kleiner sein. Vorschlag: R4: 100kΩ, R1: 1kΩ, R2: 1MΩ. Nach Gl. 57 folgt:

$$|U_{out}| = \frac{100k\Omega}{1k\Omega} \cdot 200mV(-50mV/150mV) + \frac{100k\Omega}{1M\Omega} \cdot (-0,5)$$

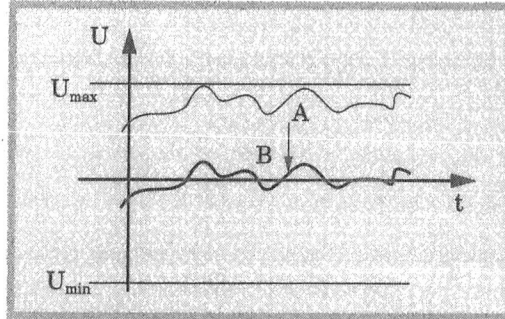

Abb. 99 Offsetverschiebung eines Meßsignals

An dem Kurvenverlauf A sieht man, daß nur ein kleiner Bereich des möglichen Spannungsbereichs ausgenützt wird. Verschiebt man dieselbe Kurve so, daß sie symmetrisch zur x-Achse verläuft, kann sie anschließend noch verstärkt werden, ohne daß sie an die Begrenzung kommt.
Eine allgemein einsetzbare Schaltung soll hier aufgezeigt werden:

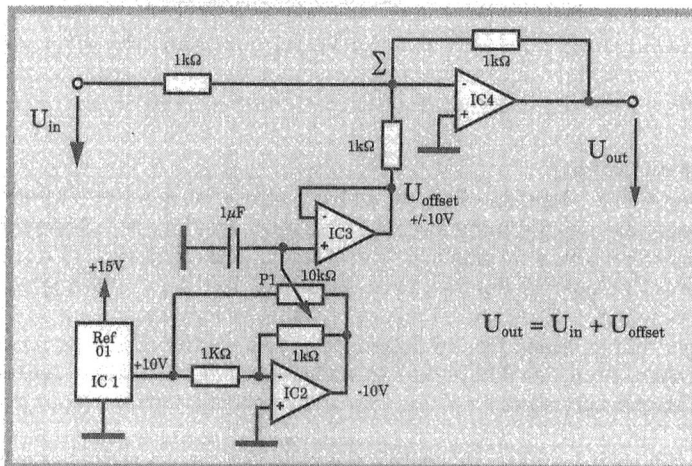

Abb. 100 +/-10V Offsetschaltung

Der Referenzbaustein wird wie alle OPs an die 15V Versorgungsspannung angeschlossen. Am Ausgang liefert er eine hochgenaue Spannung von +10,00V. Der Operationsverstärker IC_2 hat die Verstärkung v = 1 und invertiert die Eingangsspannung. Es liegt somit am Potentiometer P_1 eine Spannung von +10V und -10V, die vom Schleifer, je nach Position, alle Zwischenwerte annehmen kann. Diese Spannung wird über den Bufferverstärker IC_3, der als Impedanzwandler eingesetzt wird, als U_{offset} zur Eingangsspannung addiert. Der Kondensator am Eingang des Buffers kann zur Unterdrückung eventuell vorhandener Störungen eingesetzt werden.

8.8.2 Subtrahierschaltung

Eine Möglichkeit, zwei vorhandene Spannungen zu subtrahieren, besteht im einfachen Aufbau mit einem als Differenzverstärker beschalteten Operationsverstärker.

Wenn beide Eingangsspannungen mit gleichen Verstärkungsfaktoren in die Berechnung eingehen sollen, muß eine Randbedingung bei der Dimensionierung der Widerstände beachtet werden: $R_2/R_1 = R_2'/R_1'$. Das Verhältnis von R_2/R_1 bestimmt die Verstärkung.

Bei dieser Betrachtung soll v=1 sein. Damit muß $R_1 = R_2$ sein.

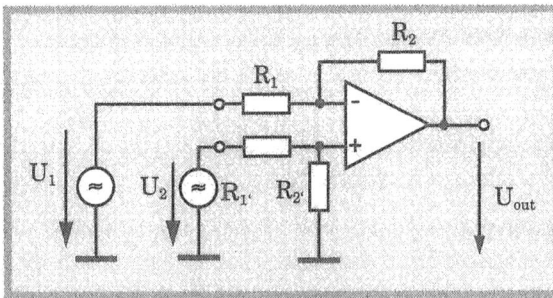

Abb. 101 Subtrahierer

Um sich die Funktion der Schaltung klar zu machen, setzt man im ersten Schritt $U_2 = 0V$. Damit erhalten wir für U_1 einen invertierenden Verstärker. Die Verstärkung ist $v = -R_2/R_1$. Da v = -1 ist, ist die Ausgangsspannung $U_{out} = -U_{in}$. Im zweiten Schritt setzen wir $U_1 = 0V$. Damit haben wir einen typischen, nicht invertierenden Verstärker mit einem Spannungsteiler R1'/R2' am Eingang. Die Verstärkung beträgt $v = 1 + R_2/R_1 = 2$. Der Spannungsteiler am Eingang halbiert aber die Eingangsspannung, so daß $U_{out} = U_{in}$ ist. Bei größeren Verstärkungen gilt Entsprechendes. Allgemein erhalten wir somit folgenden Ausdruck:

$$Gl.\ 58 \quad U_{out} = (U_2 - U_1) \cdot v$$

8.8.3 Integrator

Die Schaltung eines aktiven Integrators wird in der Meßtechnik in vielen Bereichen eingesetzt. Seine Aufgabe besteht darin, eine Ausgangsspannung zu liefern, die proportional zum zeitlichen Integral der Eingangsspannung ist. Um dies zu erreichen wird der Widerstand in der Gegenkopplung durch einen Kondensator ersetzt, dessen Widerstand frequenzabhängig ist.

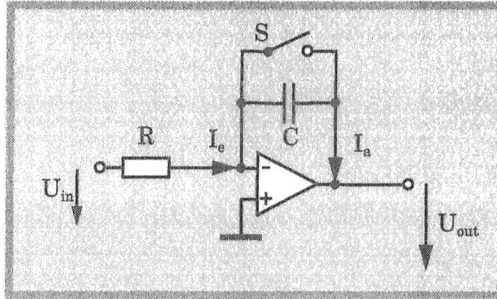

Abb. 102 Operationsverstärker als Integrator

Für die folgende Betrachtung soll als Anfangsbedingung der Kondensator entladen und die Eingangsspannung 0V sein. Zum Entladen dient der Schalter S. Legt man dann eine Spannung U_e an den Eingang, so fließt ein Strom $I_{in} = U_{in} / R$. Der Ausgangsstrom I_a lädt den Kondensator linear über der Zeit auf:

$$Gl.\ 59 \qquad I_a = C \cdot \frac{dU_{out}}{dt}$$

Der Verlauf der Ausgangsspannung läßt sich allgemein mit folgender Beziehung ausdrük-ken:

$$Gl.\ 60 \qquad U_{out}(t) = U_{out}(t = 0) - \frac{1}{R \cdot C} \int_0^t U_{in}\, dt$$

Der Term $U_{out}(t=0)$ definiert die Ausgangsspannung bei Beginn der Messung. Dieser Anfangswert der Spannung wird addiert. Mit Hilfe des Schalters kann dieser Wert zu Null gemacht werden.
Ein Sonderfall ist dann gegeben, wenn die Eingangsspannung U_e konstant ist. Dann vereinfacht sich der Ausdruck und das Integral kann folgendermaßen gelöst werden:

$$Gl.\ 61 \qquad U_{out}(t) = -\frac{1}{R \cdot C} \int_0^t U_{in}(dt) = -\frac{1}{R \cdot C} \cdot t$$

Die Ausgangsspannung steigt linear mit der Zeit an (gilt nur für U_{in} = const.).

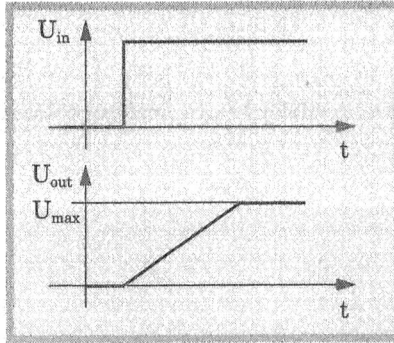

Abb. 103 Sprungantwort eines Integrators

Betrachtet man das Verhalten des Integrators bei einer sinusförmigen Eingangsspannung $U_{in}=\hat{U}_{in}\sin\omega t$, so läßt sich die Ausgangsspannung folgendermaßen berechnen:

Gl. 62
$$U_{out} = -\frac{1}{RC}\hat{U}_{in}\int_0^t \sin\omega t\,dt = \frac{1}{\omega\cdot R\cdot C}\cdot\hat{U}_{in}\cos\omega t = \frac{1}{\omega\cdot R\cdot C}\cdot\hat{U}_{in}\sin(\omega t+90°)$$

An dieser Formel erkennt man, daß die Ausgangsspannung bezogen auf U_e um 90° phasenverschoben ist. Sie verhält sich umgekehrt proportional zur Frequenz der Eingangsspannung U_e.

Die Verstärkung läßt sich durch die komplexe Schreibweise folgendermaßen ausdrücken:

Gl. 63
$$v = \frac{\hat{U}_{out}}{\hat{U}_{in}} = \frac{X_C}{R} = \frac{1}{j\cdot\omega\cdot R\cdot C} = \frac{j}{\omega\cdot R\cdot C}$$

Beim Aufbau eines Integrators treten möglicherweise folgende Fehlerquellen auf:
• Leckstrom durch den Kondensator
• Biasstrom I_B in den OP
• Eingangsoffsetspannung

In der Praxis haben die Kondensatoren einen endlichen Widerstand, so daß ein Leckstrom fließen kann. Dieser wird durch den reellen Anteil des komplexen Widerstandes gebildet. Die Größe des Widerstandes hängt von der Bauart des Kondensators ab. Elektrolytkondensatoren haben Leckströme im Bereich einiger μA und sind deshalb für Integrationsaufgaben nicht geeignet. Wesentlich besser für diese Zwecke sind Folienkondensatoren geeignet.

Spezielle Materialien wie beispielsweise Glimmer oder Kapton als Dielektrikum ermöglichen spezifische Widerstände von $10^{12}\Omega$ bis $10^{14}\Omega$.

Der Biasstrom, der in den OP fließt, führt als Fehlerstrom zwangsläufig zum Anstieg der Ausgangsspannung. Deshalb muß bei der Auswahl des OPs darauf geachtet werden, daß dieser Strom sehr gering ist. Bei bipolaren Eingangsstufen ist dieser Fehlerstrom größer als bei FET-Eingangsstufen.

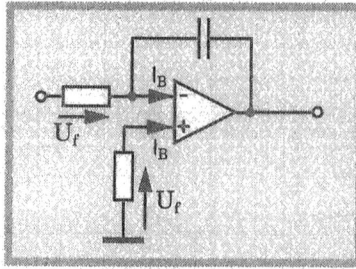

Abb. 104 Kompensation des Biasstroms

8.8.3.1 Frequenzgang des Integrators

Der Operationsverstärker, als Integrator beschaltet, hat den gleichen Frequenzgang wie ein passiver Tiefpaß, der durch ein RC-Glied aufgebaut ist. Die Verstärkung nimmt mit 20dB pro Dekade ab.

Die frequenzabhängige Verstärkung für einen invertierenden Integrator kann nach folgender Beziehung berechnet werden:

$$Gl.\ 64 \qquad v = -\frac{R_C}{R_1} = \frac{\frac{1}{j\omega C}}{R_1}$$

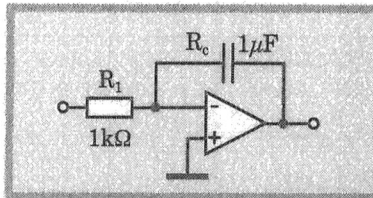

Abb. 105 Verstärker mit frequenzabhängiger Verstärkung

Bildet man die Verstärkung über der Frequenz ab, so läßt sich der Verlauf in folgender Tabelle darstellen:

f/Hz	Rc	v
1	159,1kΩ	159
10	15,91kΩ	15,9
100	1,591kΩ	1,59
1000	159,1Ω	0,159
10000	15,91Ω	0,0159

Tab. 16 Frequenzabhängige Verstärkung

9. Digitale Meßsysteme

9.1 Einleitung

Um analoge elektrische Meßgrößen zu registrieren, benutzt man verschiedene Verfahren. Zu den wichtigsten gehört heute die Digitaltechnik, die sich in den letzten Jahren rasant entwickelt hat. Die Fortschritte in der Computertechnik haben dies wesentlich beeinflußt. Parallel dazu mußten aber auch Komponenten entwickelt werden, die es ermöglichen, analoge Signale so umzuwandeln, daß sie vom Computer verarbeitet werden können. Dazu werden Analog-Digital-Converter (ADC) eingesetzt, die mit unterschiedlichen Verfahren arbeiten und an die jeweiligen Meßaufgaben angepaßt werden müssen. Um eine Ansteuerung oder Regelung vom Computer aus zu ermöglichen, benutzt man Digital-Analog-Converter (DAC).

9.2 Vergleich von analoger und digitaler Messung

In der analogen Meßtechnik setzt man Meßgeräte ein, wie z. B. analoge Oszilloskope, Papierschreiber und Zeigerinstrumente, die **kontinuierlich** den Verlauf einer elektrischen Größe, beispielsweise einer Spannung aufzeichnen.

Die Bezeichnung kontinuierlich bezieht sich sowohl auf die Amplitude als auch auf den zeitlichen Verlauf des Signals.

Der Analog-Digital-Wandler, der die Schnittstelle zwischen Meßsignal und Computer darstellt, mißt und registriert im Gegensatz dazu nicht kontinuierlich, sondern **zeit- und wertdiskret**.

In Abb. 106 wird der Unterschied deutlich: im ersten Bild ist der kontinuierliche analoge Verlauf dargestellt und man erkennt, daß man zu jedem beliebigen Zeitpunkt feststellen kann, welchen Wert die Amplitude hat, wobei die Auflösung theoretisch unendlich groß ist. Im mittleren und letzten Bild wird die zeitdiskrete Abtastung des analogen Signals mit konstantem Abstand Ta wiedergegeben. Das heißt, das analoge Signal wird in genau definierten Zeitabständen erfasst und die jeweilige Amplitude wird in ihrer Höhe festgehalten. Was in der „Zwischenzeit" passiert, entzieht sich der genauen Betrachtung.

Bei der Analog-Digital-Wandlung wird grundsätzlich in konstanten und diskreten Zeitabschnitten der Wert der Amplitude erfasst und je nach Höhe in ein abgestuftes, diskretes digitales Wort umgewandelt. Die Anzahl der möglichen Stufen bestimmt die maximale Auflösung.

In der digitalen Meßtechnik steigt der Aufwand erheblich, wenn hochfrequente Signale mit großer Auflösung gemessen werden sollen. Darum ist eine Analyse der zu erwartenden Signale sehr wichtig.

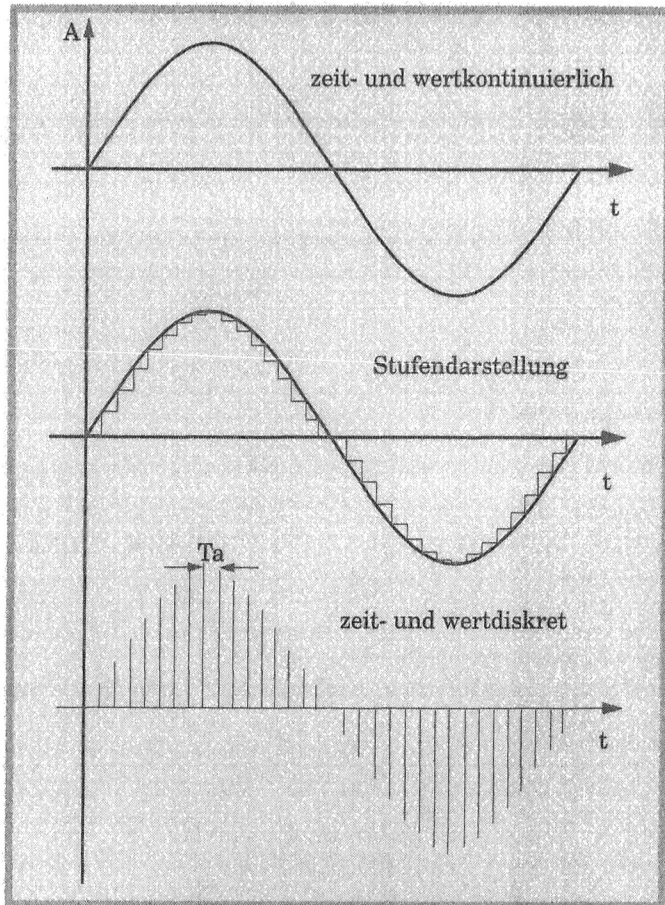

Abb. 106 analoge und digitale Darstellung

Da die Meßsignale in der Regel keinen sinusförmigen Verlauf haben, kann es leicht passieren, daß bestimmte Teile des Meßsignals vom Wandler gar nicht „gesehen" werden.

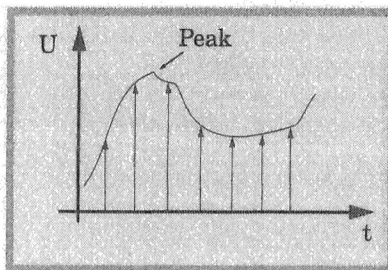

Abb. 107 Fehler bei zu geringer Abtastrate

In Abb. 107 wird am Verlauf des Signals deutlich, daß bei der Abtastung der Peak nicht gemessen wurde. Solch ein Fehler soll bei einer Messung nach Möglichkeit vermieden werden *(siehe 9.3.8, Seite 102)*.

In der analogen Meßtechnik lernt man beispielsweise beim Umgang mit dem Zeigerinstrument, daß

• der Zeiger eine Masse hat

• das Instrument nur in einer bestimmten Lage betrieben werden darf

• das Gerät mechanisch nicht belastet werden darf

• Parallaxefehler vermieden werden müssen

In der Digitaltechnik ist die Gefahr sehr groß, die erfaßten Meßwerte unkritisch zu übernehmen und davon auszugehen, der Computer mache schon keine Fehler.

Resümee: bei jeder Meßmethode, analog oder digital, sollte der Aufwand, der für den gesamten Aufbau notwendig ist, überprüft werden. Die analoge Meß- und Rechentechnik hat in vielen Bereichen ihre Berechtigung und ist in Bezug auf Genauigkeit, Geschwindigkeit und Kostenaufwand der digitalen Lösung überlegen.

9.3 Analog-Digital-Wandler

Die Aufgabe der Analog-Digital-Wandler (ADC) besteht in der Umwandlung einer analogen Spannung in ein digitales Wort.

9.3.1 ADC-Quantisierung

Bei der Umwandlung einer analogen Größe in ein digitales Wort erhält man einen Ausgangscode, der die Quantisierung des Eingangssignals wiedergibt.

In Abb. 108 ist die Quantisierungskurve eines 3bit Wandlers dargestellt. Am Eingang des ADC wird eine Spannung im Bereich 0..10V angelegt. Ein 3bit-ADC hat acht verschiedene Ausgangszustände *(siehe 9.6, Seite 115)*.

Der obige Kurvenverlauf macht einen wichtigen systematischen Fehler deutlich: die Quantisierung kann immer im Bereich +/- 1/2 bit über oder unter dem tatsächlichen Wert liegen.

Diese Abweichung wird als *Quantisierungsfehler* bezeichnet.

Beispiel: Ein 8bit ADC hat 2^8 = 256 verschiedene Ausgangszustände. Der niedrigste Wert entspricht einem Ausgangscode 00000000, der höchste 11111111. Die Auflösung m berechnet sich immer nach folgendem Zusammenhang:

$$Gl.\ 65 \quad m = \frac{\Delta U}{2^n} = \frac{10V}{2^8} = 39,06mV$$

Der Quantisierungsfehler dieses 8bit ADC beträgt somit +/- 19,53mV.

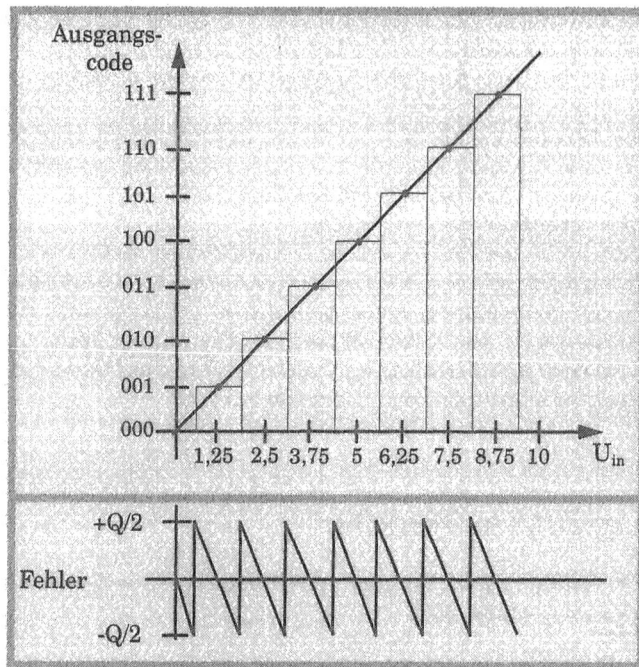

Abb. 108 3 bit Quantisierung

9.3.2 Fehler der Analog-Digital-Wandler

In der Meßtechnik sollen Fehlerquellen möglichst vermieden werden. In Kapitel 9.3.1 wurde schon auf einen systematischen Quantisierungsfehler hingewiesen, der sich nicht vermeiden läßt. Es treten weitere Fehler auf, die sich nur zum Teil kompensieren lassen, beispielsweise Offset- und Verstärkungsfehler. Diese Kompensation kann bei einigen Bausteinen mit Hilfe eines Potentiometers durchgeführt werden. In anderen Systemen wird eine hohe Automatisierung angestrebt und dort ist diese Kompensation durch einen Prozessor möglich.

Beim Abgleichen ist immer der Offsetfehler zuerst abzugleichen. Anschließend kann der Verstärkungsfehler überprüft und gegebenenfalls korrigiert werden.

Linearitätsfehler und Aperturjitter *(siehe 9.3.7, Seite 102)* sind dagegen nicht kompensierbar. In diesen Bereichen kann nur über die Auswahl der Bausteine und den sorgfältigen Aufbau ein Maximum an Genauigkeit erzielt werden.

9.3.3 Offsetfehler

Dieser Fehler macht sich dadurch bemerkbar, daß die Rampe in eine Richtung verschoben ist und über dem gesamten Verlauf einen konstanten Fehler verursachen kann. Man sieht an Abb. 109, daß die Kurve nicht durch den Nullpunkt verläuft und parallel zur Ideallinie verschoben ist. Durch Addition bzw. durch Subtraktion kann dieser Fehler zu Null gemacht werden.

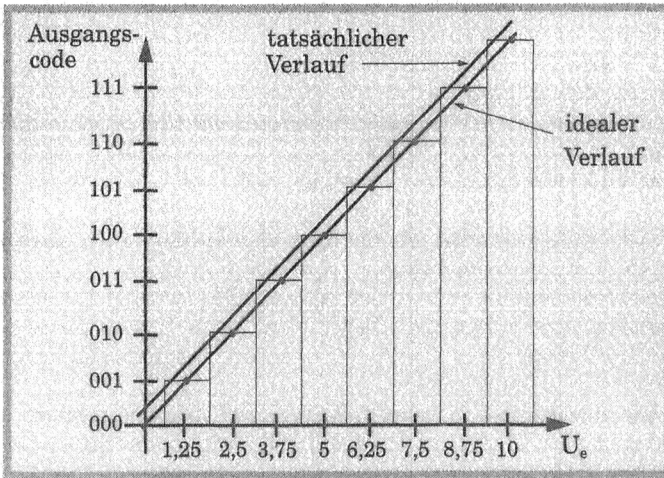

Abb. 109 Offsetfehler eines ADCs

In vielen Fällen besitzen die Wandlerbausteine entsprechende Anschlüsse, die durch Beschaltung mit einem Potentiometer ermöglichen, diesen Fehler zu kompensieren.

9.3.4 Verstärkungsfehler

Bei einem ADC kann ein Verstärkungsfehler auftreten, der sich dadurch bemerkbar macht, daß beim Anlegen der maximalen Eingangsspannung der Ausgangscode nicht dem höchstwertigen Code entspricht oder dieser schon bei einer geringeren Spannung erreicht wird.

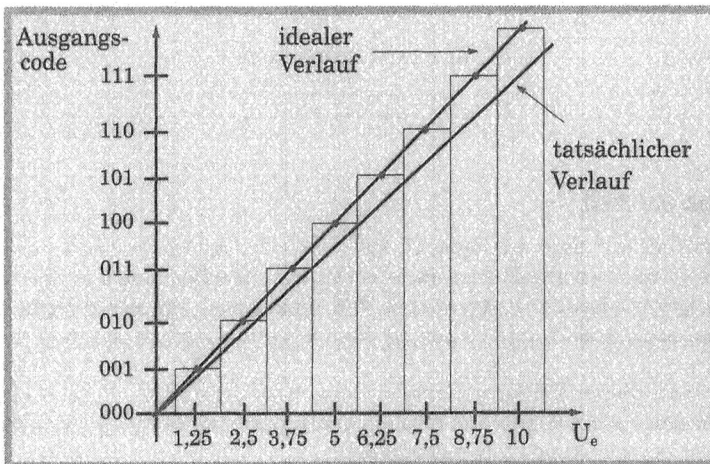

Abb. 110 Verstärkungsfehler

Diesen Verstärkungsfehler kann man auch durch entsprechende Schaltungsmaßnahmen, die den Datenblättern zu entnehmen sind, korrigieren.

99

9.3.5 Nichtlinearitäten

Nach Durchführung der vorher beschriebenen Korrekturen kann die Linearität überprüft werden. In der Praxis sind die durch die Quantisierung erzeugten Stufen nicht immer gleich breit. Diese Abweichung von der Ideallinie ohne Berücksichtigung des systematischen Quantisierungsfehler von +/- 1/2 LSB wird als *totale Nichtlinearität* bezeichnet und mit nLSB angegeben.

Betrachtet man die Abweichung einer einzelnen Stufe von der Ideallinie, dann wird diese als *differentielle Nichtlinearität* (DNL) bezeichnet *(siehe Abb. 111)*. Dieser Fehler kann hauptsächlich bei Wandlern auftreten, die nach dem Verfahren der sukzessiven Approximation *(siehe 9.3.11, Seite 107)* arbeiten.

Wird dieser Fehler der Stufenbreite größer als ein LSB, so wird ein Codewort übersprungen und als *missing code* bezeichnet. Dieser Wandler wäre somit nicht *monoton*. Dieser Fehler tritt bei AD-Wandlern auf, die intern einen DAC benutzen (sukzessive Approximation), der nicht streng monoton arbeitet.

Ein weiterer Fehler wird als *Integrale Nichtlinearität* (INL) bezeichnet, wobei damit die Abweichung vom idealen Übergang von einem Codewort zum nächsten gemeint ist.

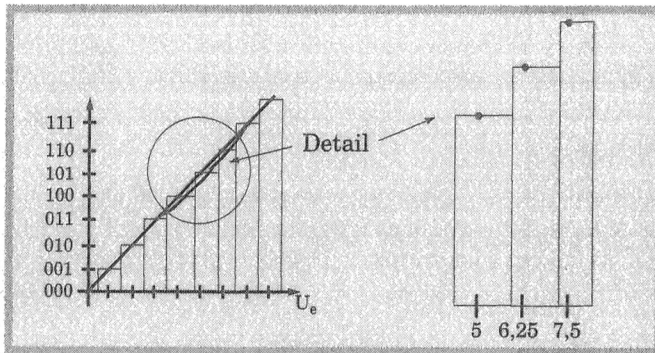

Abb. 111 Linearitätsfehler

9.3.6 Aperturzeit

Bei der Umwandlung einer analogen Größe werden zu äquidistanten Zeitpunkten die jeweiligen Amplituden ermittelt und quantisiert. Der Wandler benötigt aber eine endliche Zeit für die Quantisierung (Aperturzeit). Während dieses Prozesses kann sich aber die Eingangsspannung ändern und es kommt somit zu einer „Amplitudenunsicherheit" *(siehe Abb. 112)*.

Untersucht man diesen Fehler genauer an einem sinusförmigen Signal, erhält man die schnellste Änderung des Signal am Nulldurchgang (größte Steigung). Der maximale Amplitudenfehler berechnet sich folgendermaßen:

$$Gl.\ 66 \quad \Delta U = \widehat{U} \cdot 2\pi f_{max} \cdot \Delta t_A$$

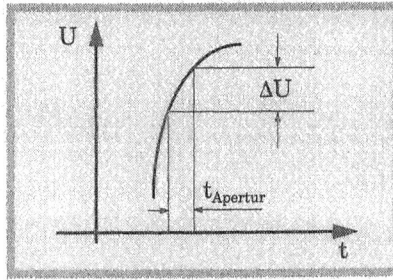

Abb. 112 Aperturzeit und Amplitudenunsicherheit

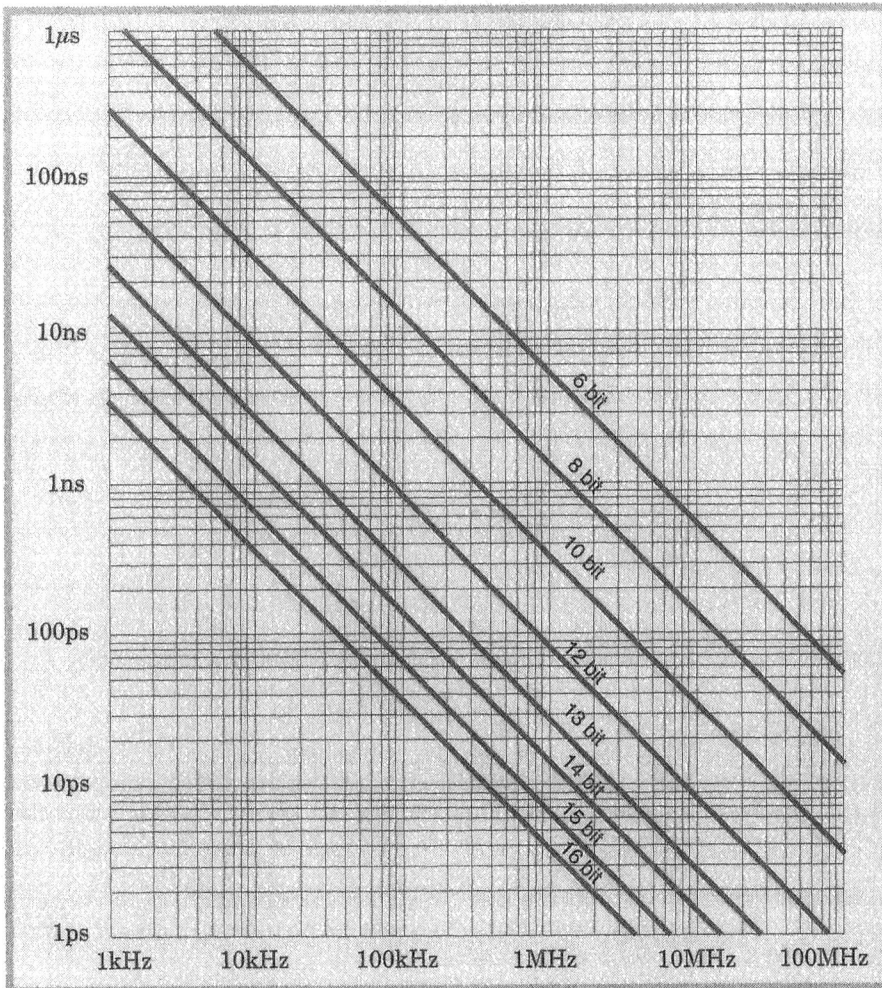

Abb. 113 Aperturzeit als Funktion der Frequenz (sinusförmiges Signal) [27]

Um die notwendige Aperturzeit des Wandler festzustellen, kann die Graphik *(siehe Abb. 113)* hilfreich sein. Dieser Kurvenverlauf gilt für einen maximal zugelassenem Fehler von einem Bit.

Beispiel: Es soll ein Meßsignal mit einer maximalen Frequenz von 10kHz mit einem Analog-Digital-Wandler bei 12 bit Auflösung und einem Fehler < 1bit konvertiert werden. Welche Aperturzeit darf der Wandler dann maximal haben? ca. 8ns!

An diesem Beispiel erkennt man, daß bereits bei relativ kleinen Frequenzen häufig die Aperturzeit der Wandler zu groß ist und damit der Einsatz von sample/hold-Verstärkern erforderlich wird *(siehe 9.5, Seite 114)*.

9.3.7 Aperturjitter

Das Abtasten der analogen Eingangsgröße soll in äquidistanten Schritten erfolgen. Diese Zeitpunkte t_1, t_2...t_n sollen idealerweise exakt die gleichen Abstände haben, was in der Realität aber nicht umzusetzen ist. Daher führen diese „ungleichen" Quantisierungszeitpunkte zu einem Jitter, der bei der Auswahl eines ADCs im Rahmen der Fehlerbetrachtung berücksichtigt werden muß.

Wenn beispielsweise der Aperturjitter kleiner als 1 LSB sein soll, dann gilt für eine sinusförmige Eingangsgröße:[2]

$$Gl.\ 67 \qquad \Delta t_A < \frac{U_{LSB}}{1/2 \cdot U_{max} \cdot \omega_{max}}$$

Beispiel: Wie groß darf der Jitter bei einem 12bit ADC maximal sein, wenn die Eingangsspannung U_{max}= 10V und die höchste Frequenz 2 MHz beträgt?
1LSB = 10V / 2^{12}=10V / 4096=2,44mV.

$$\Delta t_A < \frac{U_{LSB}}{1/2 \cdot U_{max} \cdot \omega_{max}} = \frac{2,44mV}{1/2 \cdot 10V \cdot 2 \cdot \pi \cdot f} = \frac{2,44mV}{62,83 \cdot 10^6} = 38,8ps$$

Dieser Aperturjitter von 38,8ps erzeugt einen Fehler < 1LSB.

Zur einfachen Abschätzung des Aperturjitters kann auch die Tabelle *(siehe Abb. 113)* direkt benutzt werden, indem die y-Achse als Aperturunsicherheit betrachtet wird.

9.3.8 Abtasttheorie

Bei der Auswahl eines ADCs für Meßzwecke sind drei Faktoren von Bedeutung. Neben der Auflösung (Anzahl der Bits) ist die Wandelgeschwindigkeit und die Häufigkeit der Abfrage zu berücksichtigen, um das gesamte analoge Signal möglichst fehlerfrei erfassen zu können.

Jeder Wandler benötigt eine endliche Zeit für die Quantisierung. Während dieser Zeit kann sich das Eingangssignal verändern. Die damit verbundenen Probleme werden im Kapitel 9.5 (Sample/hold - Verstärker) besprochen.

Um die Frage nach der „Abfragehäufigkeit" klären zu können, muß das zu messende analoge Signal auf seine höchsten Frequenzanteile hin untersucht werden. Zur Erklärung soll erst einmal von einem sinusförmigen Signal ausgegangen werden. An dem Kurvenverlauf *(siehe Abb. 106, Seite 96)* sieht man deutlich, daß die Quantisierungskurve umso weniger von dem analogen Verlauf abweicht, je häufiger das Signal abgetastet wird. Da der Aufwand bei höherer Abtastfrequenz aber deutlich größer wird, ist man bemüht, so viel wie nötig und so wenig wie möglich abzutasten.

Wie groß ist nun aber die minimale Abtastfrequenz? Diese wird im *Abtasttheorem*, welches zum erstenmal von Kotelnikov(1933) [3] beschrieben wurde, abgeleitet und lautet:[a]

$$Gl.\ 68 \qquad f_{Abtast} \geq 2 \cdot f_{max}$$

Wird für eine Messung die Abtastfrequenz zu niedrig gewählt, können Verzerrungen beziehungsweise Schwebungen auftreten, sogenannte *Aliasingeffekte*.[4]

Neben der Kenntnis über die höchsten Frequenzanteile des Meßsignals und der entsprechenden Auswahl eines geeigneten ADC ist es notwendig, am Eingang der Wandlerbaugruppe einen Tiefpaßfilter vorzusehen, um zu verhindern, daß höhere Frequenzen, die durch Rausch- oder andere Störquellen verursacht werden, an den ADC gelangen. Das bedeutet, daß der Tiefpaß eine Grenzfrequenz $f_{signal} < fg < f_{stör\ min}$ haben muß.

Da das typische Meßsignal nicht einen sinusförmigen Verlauf hat, müssen bei der Untersuchung über die höchsten zu erwartenden Frequenzanteile die steilsten Flanken, beispielsweise mit einem breitbandigen Oszilloskop, gemessen werden.

Ein einfacher Weg besteht in folgendem Aufbau *(siehe Abb. 114)*: Benötigt wird ein schaltbares Tiefpaßfilter und ein Zweikanaloszilloskop. Das Meßsignal wird zum einen direkt auf dem ersten Kanal des Oszilloskops und zum anderen über ein schaltbares Tiefpaßfilter geführt und dann auf dem zweiten Kanal dargestellt. Die Grenzfrequenz wird solange erhöht, bis das Signal auf dem zweiten Kanal unverfälscht dargestellt wird.

Alternativ kann diese Analyse mit einem Spektrumanalyzer durchgeführt werden.

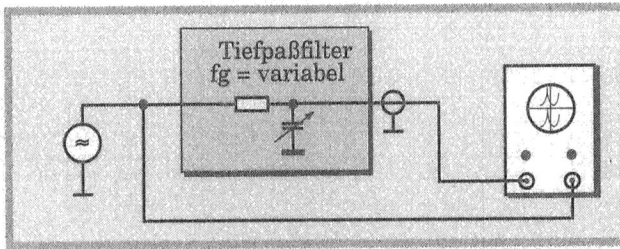

Abb. 114 Analyse der maximal auftretenden Frequenz mit einem Oszilloskop

9.3.9 Wandelverfahren

Für die verschiedenen Messungen werden unterschiedliche Wandelverfahren eingesetzt. Wie vorher schon beschrieben wurde *(siehe 9.3, Seite 97)*, unterscheiden sich die Wandelverfahren hauptsächlich in der Auflösung und Wandelgeschwindigkeit. Soll beispielsweise ein Videosignal mit einer analogen Bandbreite von 3,5MHz AD-gewandelt werden, muß ein entsprechender Baustein mit einer Bandbreite beziehungsweise Wandelrate von mehr als 7MHz ausgewählt werden.

---

a. Für eine ausführliche Herleitung sei auf die entsprechende Literatur hingewiesen

Im Folgenden werden einige wichtige Verfahren, die in der Meßtechnik häufig angewandt werden, ausführlicher besprochen.

Man kann drei wichtige Hauptgruppen unterscheiden:

• **Rampenverfahren** (dual slope), bei dem eine lineare Sägezahnspannung mit der Meßspannung verglichen und die Integrationszeiten gemessen werden.

Wägeverfahren (sukzessive Approximation, schrittweise Näherung), hierbei wird die Wandlung durch einen Vergleich der Meßspannung mit einer Referenzspannung in mehrern Schritten durchgeführt.

• **Parallelverfahren** (flash converter) bei dem 2^n Stufenkomparatoren die Meßspannung mit einer Referenzspannung vergleichen und anschließend in einen digitalen Code umwandeln.

Jedes dieser Wandelverfahren hat spezifische Eigenschaften, so daß für das Meßproblem das jeweilig günstige ausgewählt werden kann.

Die wichtigsten Unterscheidungsmerkmale sind die maximale Auflösung und die Wandelgeschwindigkeit.

	Vorteil	Nachteil
Dual slope	hohe Auflösung 50Hz-Unterdrükkung	langsam
Sigma Delta	sehr hohe Auflösung streng monoton	langsam
Wägeverfahren	hohe Auflösung relativ schnell	max. 16 bit teuer
Parallelverfahren	schnellstes Verfahren große Genauigkeit	großer Schaltungsaufwand, teuer

Tab. 17 Vergleich der verschiedenen Wandelverfahren

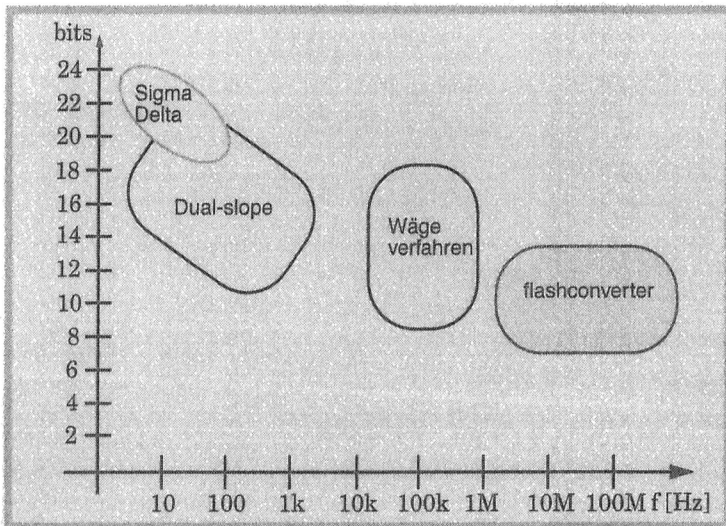

Abb. 115 Übersicht der verschiedenen Wandelverfahren

9.3.10 Rampenverfahren (dual slope)

Dieses Wandelverfahren läßt sich mit dem geringsten Aufwand realisieren und beruht im Wesentlichen im Integrationsverfahren. Es wird vor allem in den Digitalvoltmetern (DVM) angewandt. Es benötigt eine große Konversionszeit, die sich hier aber nicht störend auswirkt, da das Ablesen der Anzeige auch nur langsam möglich ist.

Bei dieser Art der Analog-Digital-Wandlung besteht neben dem geringen Aufwand und den sehr preiswerten Bausteinen ein weiterer Vorteil in der hohen Auflösung und der sehr guten Störunterdrückung.

Handelsübliche DVMs werden mit bis zu 6,5stelliger Auflösung angeboten. Dabei ist aber unbedingt zwischen Auflösung und Genauigkeit zu unterscheiden, damit die letzten Stellen keine Zufallszahlen sind. Ein 6,5stelliges DVM mit einem maximalen Fehler von 0,01% ist eigentlich unbrauchbar.

Beispiel: Bei einem Meßbereich von 20V hat das 6,5stellige DVM eine maximale Auflösung von 10μV! Wird bei diesem Gerät die Fehlergrenze mit +/-0,01% angegeben, so beträgt der absolute Fehler +/-2mV. Beim Registrieren des Meßwertes kann man somit die letzten 3 Stellen weglassen!

Die sehr hohe Gleichtaktunterdrückung macht es überhaupt erst möglich, mit einfachen, nicht abgeschirmten Meßkabeln empfindliche Messungen durchzuführen. Es werden Werte für die Gleichtaktunterdrückung von bis zu 140dB erreicht[5]. Das bedeutet, daß beispielsweise ein 50Hz Störsignal mit einer Amplitude von 1V um den Faktor 10^7 unterdrückt wird *(siehe 12.2, Seite 137)*.

Der prinzipielle Aufbau dieses Wandelverfahrens ist in Abb. 116 dargestellt.

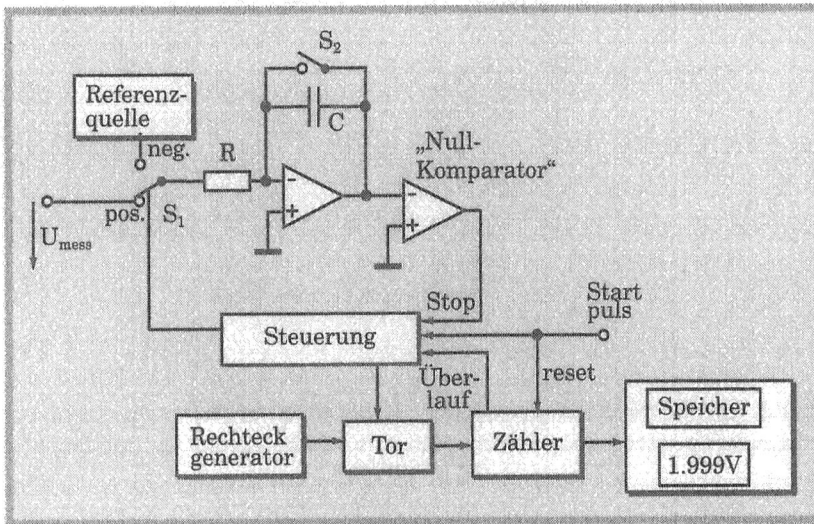

Abb. 116 Prinzipschaltbild des dual - slope - converters

Jeder Meßzyklus wird durch einen Startimpuls begonnen. Dieser setzt den Zähler auf Null und aktiviert über die Steuerung das Tor und das Meßsignal wird über Schalter S_1 am Integrator angelegt.

Der zeitliche Ablauf läßt sich an folgendem Diagramm erkennen:
Nach dem Startimpuls liegt die Eingangsspannung am Integrator an und der Kondensator der Integratorschaltung wird eine feste Zeit aufgeladen.

$$Gl.\ 69 \qquad U_{Int}(t) = \frac{1}{R \cdot C} \cdot \int U_{mess} \cdot dt$$

Die Frequenz des Rechteckgenerators und die Kapazität des Zählers sind konstant. Wenn der Zähler seinen maximalen Stand erreicht hat, erzeugt er einen „Überlaufimpuls" und die Steuerung trennt über den Schalter S_1 das Meßsignal vom Integrator. Jetzt wird eine umgekehrt polarisierte Referenzspannung an den Integrator angelegt.

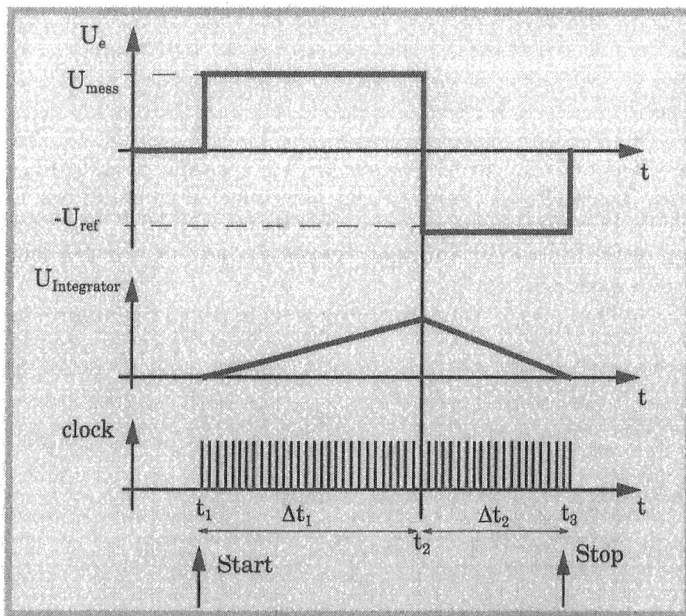

Abb. 117 Zeitlicher Ablauf des dual- slope-Verfahrens

Diese Spannung erzeugt eine „Abwärtsintegration", die bei $U_{integ.} = 0$ durch den Nullkomparator gestoppt wird.
Der gesamte Ablauf wird durch folgenden Ausdruck beschrieben:

$$Gl.\ 70 \qquad \int_{t_1}^{t_2} U_x dt = \int_{t_2}^{t_3} U_{ref} dt$$

106

Unter der Voraussetzung, daß U_x und U_{ref} während der Integrationsphase konstant sind, gilt:

$$Gl.\ 71 \qquad U_x = U_{ref} \cdot \frac{\Delta t_2}{\Delta t_1}$$

In der Abintegrationszeit Δt_2 wird der Zähler aktiviert und die clockpulse werden gezählt. Der Zählerstand Z zum Zeitpunkt t_3 wird den Wert $Z = \Delta_{t2} \cdot f_{clock}$ annehmen.
Damit wird der Wert der Meßspannung folgendes Ergebnis liefern:

$$Gl.\ 72 \qquad U_x = U_{ref} \cdot \frac{Z}{k}$$

Z: der aktuelle, k: der maximale Zählerstand

An diesem Zusammenhang erkennt man, daß das Ergebnis unabhängig von den RC-Gliedern und der Taktfrequenz ist. Dadurch ist es möglich, mit einfachen Mitteln genaue Meßergebnisse zu ermitteln.
Um 50Hz - Störungen zu unterdrücken, wird für die Integrationszeit Δt_1 ein ganzzahliges Vielfaches von 50Hz genommen.

9.3.11 Wägeverfahren (sukzessive Approximation)

Dieses Verfahren spielt in der elektronischen Meßtechnik, vor allem in Verbindung mit Computern, eine entscheidende Rolle. Die wichtigsten Merkmale dieses Wandelverfahrens sind: hohe Auflösung und Wandelgeschwindigkeit in Verbindung mit großer Präzision. Dabei handelt es sich um ein Rückkoppelsystem, in dem ein D/A-Wandler in der Regelschleife dafür sorgt, daß die Ausgangsspannung so lange verändert wird, bis er den gleichen Wert wie die Eingangsspannung erreicht hat *(siehe Abb. 118, Seite 108)*.
Das Verfahren läuft im Einzelnen folgendermaßen ab: Die Eingangsspannung U_{in} liegt am nicht invertierenden Eingang des Komparators an. Zu Beginn der Konversion erzeugt das Register ein Bitmuster, das der halben maximalen Eingangsspannung entspricht. Der DAC generiert dann daraus den analogen Wert $U_{max}/2$ und am Komparator werden diese beiden Spannungen verglichen. Ist U_{in} größer, so kippt der Komparator nicht und das Register erzeugt das nächste Bitmuster, das wiederum um die Hälfte des letzten Wertes erhöht wird. Ist diese Spannung dann höher als die Eingangsspannung, kippt der Komparator und das Register erzeugt ein neues Bitmuster, was der Hälfte der letzten Erhöhung entspricht. Dieses Verfahren wird so lange durchgeführt, wie es der Auflösung des Wandlers entspricht. Ist die Umwandlung abgeschlossen, kann das entstandene Bitmuster an den digitalen Ausgängen abgelesen werden.

Beispiel: Ein 8 bit Wandler hat eine Auflösung von $2^8 = 256$ Stufen. Dafür benötigt man 256 „Gewichte" mit folgender Wertigkeit: $2^0, 2^1, 2^2, 2^3, 2^4, 2^5, 2^6, 2^7$. Für eine komplette Wandlung muß dieser DAC damit maximal 8 Konvertierungen durchführen.
Für einen schnellen 16 bit DAC mit einer gesamten Konversionszeit von 1 μs würde das bedeuten, daß der DAC in $1/16$μs = 60 ns jeweils eine neue Spannung generieren muß.

107

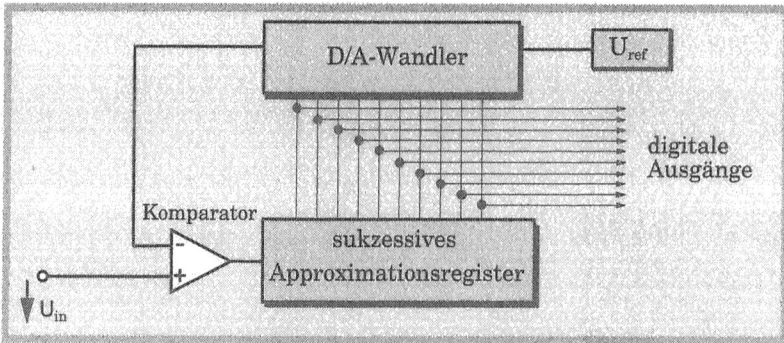

Abb. 118 Prinzipielle Aufbau des sukzessiven ADC

Im folgenden Blockschaltbild sollen die wichtigsten Anschlüsse eines ADC dargestellt werden:

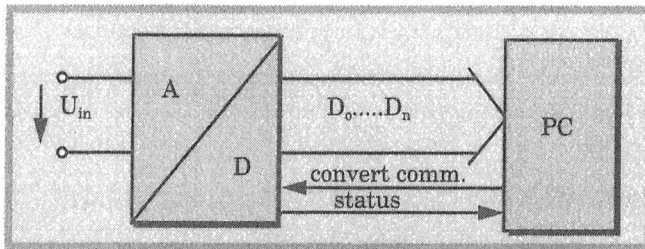

Abb. 119 Beschaltung eines ADC

Bei den meisten Meßaufbauten wird der Wandler durch ein „convert command" vom Rechner aus gestartet. Die Daten am Ausgang D_0 bis D_n sind erst dann stabil, wenn die Umwandlung abgeschlossen ist. Dieses wird dem Rechner durch ein Statusbit signalisiert. Anschließend können die Daten übernommen werden.

9.3.12 flash converter

Dieses Wandelverfahren wird bei Meßsignalen mit sehr hohen Frequenzanteilen eingesetzt. Handelsübliche flash converter gibt es mit Konversionszeiten bis zu einigen ns. Dieses Verfahren ist deshalb so schnell, weil das Meßsignal ohne Zeitverzögerung an allen Komparatoren gleichzeitig anliegt.

Bei einer Auflösung von n Bits werden 2^{n-1} Komparatoren benötigt, deren Schaltschwelle immer um $1/2^n\, U_{max}$ abgestuft ist. Der prinzipielle Aufbau [16] sieht folgendermaßen aus *(siehe Abb. 120, Seite 109)*:

Die Referenzspannung wird durch den Spannungsteiler symmetrisch auf die invertierenden Eingänge des Komparators verteilt. Die zu messende Spannung liegt parallel an allen nicht invertierenden Eingängen an. Das hat zur Folge, daß alle Komparatoren schalten, deren Vergleichsspannung niedriger als die Meßspannung ist. Bei dem obigen Beispiel handelt es sich um einen 3 Bit - Wandler. Dieser benötigt $2^3 -1 = 7$ Komparatoren und 8 Widerstände. Bei einem 12 bit Wandler wären es bereits $2^{12}-1 = 4191$ Komparatoren!

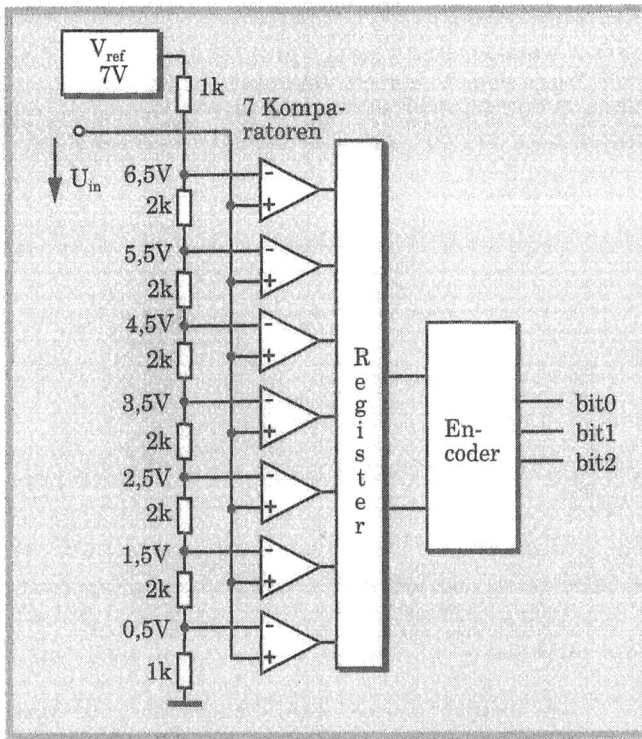

Abb. 120 3 bit flash converter mit 7V Referenzspannung

Das Bitmuster am Ausgang der Komparatoren wird in das getaktete Zwischenregister geschoben und anschließend im Decoder in einen gewichteten Dualcode gewandelt.

U_{in}/V	Komparator-ausgänge	Graycode	Dualzahl	Dezimalzahl
0	0000000	0000	000	0
1	0000001	0001	001	1
2	0000011	0011	010	2
3	0000111	0010	011	3
4	0001111	0110	100	4
5	0011111	0111	101	5
6	0111111	0101	110	6
7	1111111	0100	111	7

Tab. 18 Zustandstabelle für Beispiel in Abb. 120

9.4 Digital-Analog-Wandler

Die Verbindung vom Computer zur analogen Elektronik wird durch Digital-Analog-Wandlerbausteine (DAC) hergestellt. Zu den Einsatzgebieten dieser DACs gehören alle Regel- und Steueraufgaben. Diese Bausteine werden aber auch in vielen ADC eingesetzt.
Die Übertragungsfunktion dieser Wandler sieht folgendermaßen aus:

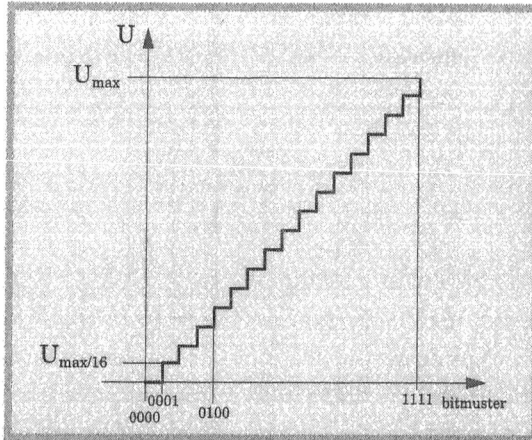

Abb. 121 Übertragungsfunktion eines unipolaren 4bit DACs

Jedem Bitmuster ist ein diskreter Spannungswert zugeordnet. Die Anzahl der Bits bestimmt die Auflösung: 2^n bits entsprechen 2^n diskreten Spannungswerten.

9.4.1 Parallelverfahren

Um einen DA-Wandler zu realisieren, gibt es mehrere Möglichkeiten. Eine davon ist das sogenannte Parallelverfahren:

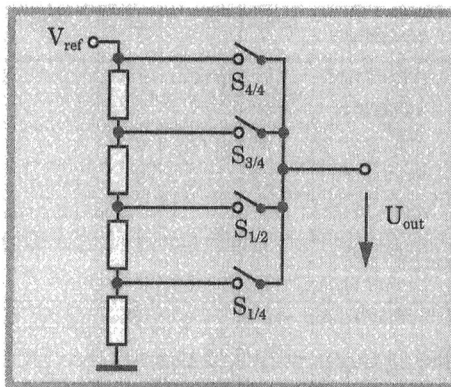

Abb. 122 Prinzipieller Aufbau des Parallelverfahrens

Eine Referenzquelle liefert eine präzise Spannung U_{ref}. Die Genauigkeit und Temperaturstabilität dieser Quelle bestimmt weitgehend die Qualität des Bausteins. Die 4 Widerstände bilden einen Spannungsteiler, der die Referenzspannung in 4 identische Spannungsstufen gliedert. Für jeden einstellbaren Wert wird ein Widerstand und ein Schalter benötigt. Somit hat ein 16 bit Wandler jeweils 2^{16} = 65536 Widerstände und Schalter.

9.4.2 DAC mit gewichteten Strömen

In der Praxis wird hauptsächlich ein Verfahren eingesetzt, daß etwas modifiziert gegenüber dem Parallelverfahren aufgebaut ist. Dieses arbeitet nach dem Prinzip von gewichteten Strömen.

Um einen Wandler nach diesem Verfahren aufzubauen, benötigt man zwei verschieden abgestufte Widerstandsgruppen, die parallel geschaltet über einen Wechselschalter auf einen Summenpunkt geführt werden.

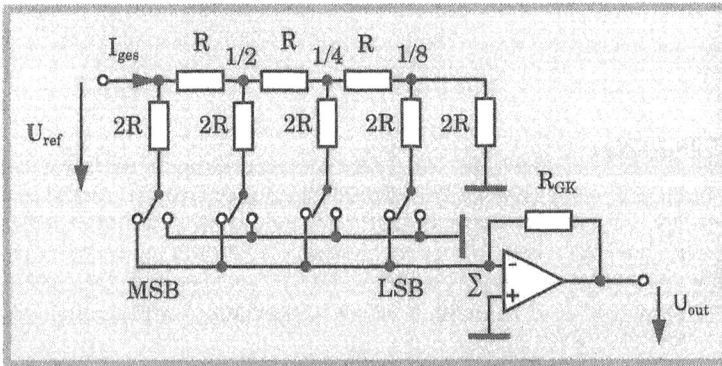

Abb. 123 R-2R Netzwerk mit gewichteten Strömen

An diesem R-2R Widerstandsnetzwerk erkennt man, daß die Referenzquelle unabhängig von der Schalterstellung mit dem konstanten Widerstand R belastet wird. Der Summenpunkt am invertierenden Eingang des OPs liegt potentialmäßig auf virtueller Masse. Der OP arbeitet als Strom-Spannungswandler und die Konversion berechnet sich nach folgendem Zusammenhang:

Gl. 73
$$U_{out} = -R_{GK} \cdot I_{\Sigma}$$

Wird eine Referenzspannung von beispielsweise +10V erzeugt, und haben die Widerstände einen Wert von 1kΩ, dann beträgt der Gesamtstrom I_{ges} = 10mA. Sind alle Schalter so gelegt, daß alle Ströme in den Summenpunkt und nicht zur realen Masse fließen, dann entsteht am Ausgang eine Spannung U_{out} = - 1kΩ x 10mA = -10V. Öffnet man den Schalter des MSBs, so fließt der Strom $U_{ref}/2k$ = 5mA direkt zur Masse. Das bedeutet, daß am Summenpunkt nur noch die Hälfte des Stroms zur Verfügung steht und damit die Ausgangsspannung auch halbiert wird. Somit wird deutlich, daß die Schalter und damit die Ströme unterschiedlich gewichtet werden. Es werden für n bit somit auch nur n Schalter benötigt. Die Widerstände müssen in ihren absoluten Werten auch nicht sehr genau sein, sondern nur gleiche Werte haben, bzw. ein Verhältnis von 1:2. Dies läßt sich in der monolithischen Herstellung sehr gut und preiswert bewerkstelligen.

Die Umschalter, die den Stromfluß beeinflussen, werden in der Regel mit TTL-Signalen angesteuert. Dies kann parallel geschehen, wird aber häufig auch in 8 bit breiten Worten nacheinander in den Wandler geschoben, um eine optimale Busausnutzung für Mikroprozessoren zu gewährleisten.

Es gibt weiterhin die Möglichkeit, die Daten vollständig seriell in den Baustein zu schieben, um sie dann seriell/parallel zu wandeln.

Beispiel: Ein 16 bit DAC hat eine Referenzspannung von 10V und das R/2R-Netzwerk einen Gesamtwiderstand von 5kΩ. Daraus folgt, daß der Gesamtstrom im Summenpunkt maximal 2mA beträgt. Der Wert eines LSBs dieses Wandlers beträgt: $2mA/2^{16}=30,5nA$. In der oben erwähnten Bereichsmitte fließt einmal der Strom von 1mA verteilt über 15 Schalter, das andere Mal über einen Schalter. Der größte Fehler, der auftreten soll, darf nicht größer als 1/2 LSB sein. Deshalb dürfen die Widerstände vom Idealwert nicht mehr als 7,5ppm abweichen ($0,5 LSB/2^{16}=7,63\cdot10^{-6}$). Dann kann dieser DAC als streng monoton bezeichnet werden. Wäre der Fehler größer als ein LSB, kann es passieren, daß die Ausgangsspannung kleiner wird, obwohl das Bitmuster sich erhöht.

9.4.3 Glitchpulse

Es muß in diesem Zusammenhang auf ein Problem hingewiesen werden, welches mit den Eigenschaften der Schalter zusammenhängt. Die Ausgangsspannung des Wandlers folgt immer direkt der Änderung des Stroms am Eingang des Summenpunktes. Die Schalter im Baustein sollen alle gleichzeitig bei Bedarf ihren Zustand ändern. Dies ist in der Praxis aber nur bedingt realisierbar. Je mehr Schalter umgeschaltet werden müssen, um so größer kann der Fehler werden.

Beispiel: Ein 4 bit DAC erzeugt beim Bitmuster 0000 eine Ausgangsspannung von 0V und beim Wort 1111 entsprechend +10V. Beim Wechsel vom Wort 0111 zu 1000 müssen alle Schalter umkippen. Wenn in diesem Fall der erste Schalter (MSB) zuerst von 0 auf 1 geht, dann liegt kurzfristig das bitmuster 1111 an und somit eine Ausgangsspannung von +10V.

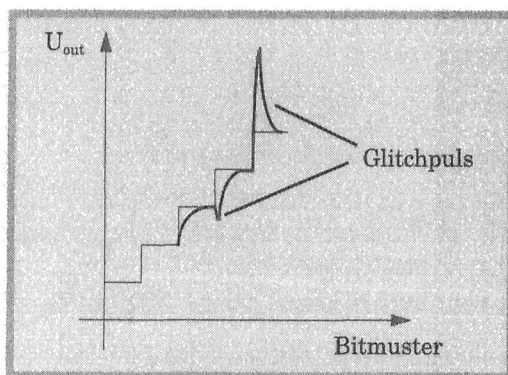

Abb. 124 Glitchpulse

Die Größe dieser Glitchpulse wird bei diesen Wandlern in „nano-Volt-Sekunden" angegeben. Bei dieser Angabe handelt es sich um die integrale Fläche unter dem Störimpuls. Bei der Verarbeitung eines solchen gestörten Signals ist zu überprüfen, ob dieser schnelle Impuls von der weiteren Signalverarbeitung überhaupt registriert wird. Wenn es aber der Fall seien sollte, ist ein s/h-Verstärker als Deglitcher einzusetzen.

9.4.4 Deglitcher

Um Glitchimpulse am Ausgang eines DAC zu unterbinden, können s/h-Verstärker eingesetzt werden. Es gibt auch DAC-Bausteine, bei denen diese bereits integriert sind.

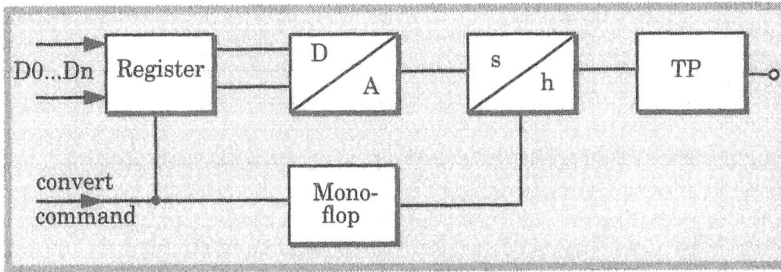

Abb. 125 Prinzipieller Aufbau einer Deglitcherschaltung

Die digitalen Daten, die zum Beispiel von einem Rechner geliefert werden, liegen am Register an und werden erst, wenn das Bitmuster sicher eingeschwungen ist, durch den Befehl „convert" auf den Wandlerbaustein geschaltet. Gleichzeitig wird der s/h-Verstärker durch das Monoflop für eine definierte Zeit in den „hold modus" geschaltet, um den letzten gespeicherten analogen Wert stabil zu halten. Die Monoflop-Zeit ist so zu definieren, daß der DAC ganz sicher eingeschwungen ist. Diese Angaben sind den Datenblättern zu entnehmen. Anschließend kippt das Monoflop wieder zurück und der s/h-Verstärker geht in den Sample-mode und der neue Spannungswert gelangt über das Tiefpaßfilter TP zu dem Ausgang. Dieses Tiefpaßfilter hat die Aufgabe, höherfrequente Störungen zu unterdrükken, die oberhalb der maximal auftretenden Wandelfrequenzen liegen.

9.4.5 Abgleich und Anpassung von DACs

Bei den Digital-Analog-Wandlern kann auch wie bei den ADCs die Verstärkung und der offset abgeglichen werden. Dazu sind in der Regel externe Potentiometer vorgesehen, die bestimmte Potentiale verschieben können. Es muß grundsätzlich der offset zuerst und dann die Verstärkung abgeglichen werden. Bei unipolaren Bausteinen wird das niedrigstwertige Bitmuster angelegt und die Ausgangsspannung wird auf 0mV abgeglichen. Beim bipolaren DAC wird auf -U_{max} abgeglichen. Der gain-Abgleich geschieht entsprechend, indem das höchstwertige Bitmuster angelegt wird und dann mit Hilfe des Abgleichpotentiometers die Ausgangsspannung auf +U_{max} eingestellt wird. Häufig ist es noch möglich, den Konversionsfaktor des internen I/V-converters durch Verbinden von Brücken zu verändern und so den Ausgangsspannungsbereich in folgenden üblichen Werten einzustellen: U_{out}= 0...5V, 0...10V, +/-2,5V, +/-5V, +/-10V.

9.5 Sample/Hold-Verstärker

Das Zeitverhalten aller digitalen Wandler (außer der integrierenden) macht es oft erforderlich, einen sample/hold (s/h) Verstärker einzusetzen. Die Aufgabe dieser Bausteine besteht darin, das Meßsignal „einzufrieren", um in dieser Zeit, die jeder Wandler für die Konversion benötigt, eine sich nicht ändernde Spannung zur Verfügung zu haben. Der prinzipielle Aufbau sieht folgendermaßen aus:

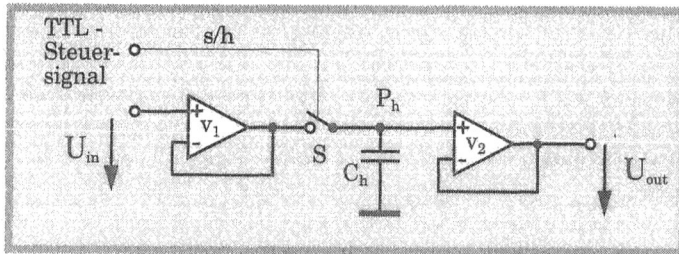

Abb. 126 Prinzipschaltung eines s/h-Verstärkers

Wenn der Schalter geschlossen ist, befindet man sich im sample-mode. Das Meßsignal wird über den Spannungsfolger v_1 hochohmig eingekoppelt. Der zweite Spannungsfolger bildet den Ausgangsverstärker und stellt das Signal niederohmig zur Weiterverarbeitung zur Verfügung. Die Verstärkung der gesamten Schaltung ist v=1. Das bedeutet, daß die Ausgangsspannung phasen- und amplitudengleich der Eingangsspannung folgt. Wird der Schalter durch das externe Steuersignal geöffnet, befindet sich der Punkt P_h auf dem Potential, welches vor dem Öffnen am Eingang angelegen hat und dieses wird von dem Kondensator C_h gespeichert. Theoretisch können die Ladungen von dem Kondensator nicht abfließen, sodaß am Ausgang über einen längeren Zeitraum die Spannung konstant ist. Somit kann von der folgenden Signalverarbeitung in aller Ruhe das stabile Meßsignal weiter „bearbeitet" werden.

Das Problem besteht aber in den nicht idealen Eigenschaften der verwendeten Bauteile: der Eingangswiderstand des Operationsverstärkers hat einen endlichen Wert (ca. $10^{12}...10^{15}\Omega$), d.h, der Kondensator entlädt sich über diesen Widerstand. Weiterhin darf der Halte-Kondensator nur kleine Leckströme aufweisen (als Dielektrikum sind Polypropylen, Polycarbonat oder Teflon gut geeignet).

Bei der dynamischen Betrachtung sind bei diesem Baustein folgende Parameter besonders zu beachten:

1. Acquisition time[a] *(siehe 3.7, Seite 17)*
2. Sample-hold settling time
3. Sample-hold offset
4. Droop-rate V/μs

---

a. Unter Acquisition time versteht man die Zeit, die der Verstärkerausgang als Sprungantwort braucht, um sich mit einem definierten Fehler (z.B. 0,1%) einzuschwingen.

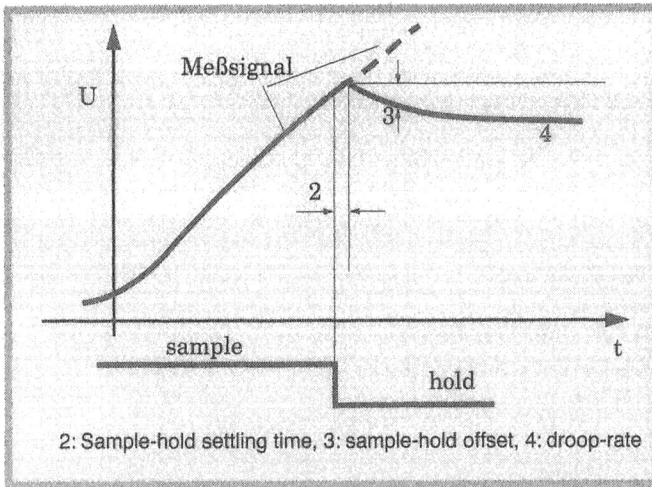

Abb. 127 Spannungsverlauf an einem sample-hold Verstärker

Während der sample - Zeit soll das Signal durch den Baustein möglichst wenig verfälscht werden. Der OP v1 *(siehe Abb. 126)* muß genügend Strom liefern können, um den Kondensator ohne Verzögerung umzuladen. Daher muß die Größe der Kapazität des Kondensators möglichst den Erfordernissen angepaßt werden: eine große Kapazität bewirkt eine geringe droop rate (4), führt aber zu einer größeren Acquisition time. Diese gibt an, wie schnell der Ausgang auf einen Eingangssprung eingeschwungen ist. Die droop rate definiert den Fehler, der angibt, in welchem Maße die Ausgangsspannung im hold-mode pro Zeiteinheit absinkt. Dieser Fehler wird in $\mu V/\mu s$ angegeben. Die Sample-hold settling time definiert die Zeit, die zwischen dem Anlegen der Hold-Flanke und dem tatsächlichem Umschalten des Schalters, bedingt durch parasitäre Kapazitäten, vergeht (2).

9.6 Codierung der ADC- und DAC-Bausteine

Bei den digitalen Meßsystemen existieren die verschiedensten Methoden der Codierung. Bei den Wandlerbausteinen gehört der natürliche Binärcode (straight binary) zu den wichtigsten. Um eine Zahl N darzustellen, wird folgender Ausdruck gebildet:

$$\textit{Gl. 74} \quad N = a_1 2^{-1} + a_2 2^{-2} + a_3 2^{-3} + ... a_n 2^{-n}$$

wobei a den Wert 0 oder 1 annehmen kann und die Zahl N zwischen 1 und 0 liegt. Das so entstandene Bitmuster muß man immer als Bruchteil des maximal möglichen Wertes sehen.

Beispiel: Hat ein DAC einen Ausgangsspannungsbereich von 0...10V, so drückt beispielsweise folgendes Bitmuster 11001101 entsprechend der Gl. 74 aus:

$(1 \cdot 0, 5) + (1 \cdot 0, 25) + (0 \cdot 0, 125) + (0 \cdot 0, 0625) + (1 \cdot 0, 03125) + (1 \times 0, 0156) + (0 \lozenge 0, 0078) +$
$(1 \cdot 0, 0039) = 0, 80075 \cdot 10 \text{V} = 8, 0075 \text{V}$

Bei gleichem Bitmuster und einem maximalen Ausgangsspannungsbereich des DAC von 5V
würde sich folgender Spannungswert einstellen: 0,80075 * 5V = 4,00375V.

Man erkennt an der Gl. 74, daß die Bits unterschiedlich gewichtet sind und das am weitesten rechts stehende die geringste Wertigkeit hat. Es wird daher auch als „least significant bit" (LSB) bezeichnet. Das erste Bit hat den höchsten Wert und wird als „most significant bit" (MSB) bezeichnet.

Die Wertigkeit des LSBs berechnet sich folgendermaßen: $1 \text{LSB} = \text{Maximalwert}/2^n$ *(siehe Tab. 18, Seite 109).*

Der Dynamikbereich eines Wandlers spielt bei der Auswahl auch eine wichtige Rolle. Er wird durch die Anzahl der aufgelösten Bits bestimmt.

Gl. 75
$$\text{Dyn(db)} = 20 \log 2^n = 20 n \log 2 = 6(02) \cdot n$$

Anzahl der bits	Anzahl der Zustände	Wichtung des LSBs	Dynamik-bereich [dB]
1	2	0,5	6
2	4	0,25	12
3	8	0,125	18,1
4	16	0,0625	24,1
5	32	0,03125	30,1
6	64	0,015625	36,1
7	128	0,0078125	42,1
8	256	0,00390625	48,2
9	512	0,001953125	54,2
10	1.024	0,0009765625	60,2
11	2.048	0,00048828125	66,2
12	4.096	0,000244140625	72,2
13	8.192	0,0001220703125	78,3
14	16.384	0,00006103515625	84,3
15	32.768	0,000030517578125	90,3
16	65.536	0,0000152587890625	96,3
17	131.072	0,00000762939453125	102,3
18	262.144	0,000003814697265625	108,4

Tab. 19 Übersicht über Zusammenhänge der Wandlerdaten

Überschlagsmäßig kann man den Dynamikbereich des Wandlers nach folgendem Zusammenhang grob abschätzen: Auflösung des Wandlers multipliziert mit dem Faktor „6,02"

und das Ergebnis wird in dB angegeben (Beispiel: 16 bit · 6,02 = 96,32dB).
Tab. 19 soll einen Überblick über die Auflösung in bits, mögliche Zustände und die Wichtung des LSBs sowie den Dynamikbereich geben.[12]
Da bei der Addition der gewichteten bits *(siehe Gl. 74)* immer eine Zahl zwischen 0 und $(1-2^{-n})$ des Maximalwertes entsteht, bedeutet dies, daß bei größtmöglichen Bitmuster 111...1 nicht der maximale Analogwert, sondern ein Wert der um ein LSB darunter liegt, vorhanden ist. Dies muß beim Abgleichen berücksichtigt werden.

Beispiel: Bei einem 16 bit DAC mit einer maximalen Ausgangsspannung von +10V muß so abgeglichen werden, daß beim Bitmuster 111...1 eine Spannung von 10V - 1LSB = 9,999847V generiert wird.

9.6.1 BCD Code

Dieser Code wird hauptsächlich bei Wandlern, die nach dem integrierenden Verfahren arbeiten, eingesetzt, beispielsweise in digitalen Voltmetern. Jede Dezimalzahl wird durch 4 bit dargestellt. Somit lassen sich leicht die 7-Segmentanzeigen der DVMs ansteuern.

Bruchteil	0/10	1/10	2/10	3/10	4/10	5/10	6/10	7/10	8/10	9/10
Code	0000	0001	0010	0011	0100	0101	0110	0111	1000	1001

Tab. 20 BCD Codierung

9.6.2 Offset-binary-Codierung

Bei Wandlern, deren Ausgang bzw. Eingang bipolar ist, wird ein weiteres Bit als Vorzeichen benötigt. Die positiven Zahlen bekommen zur Kennzeichnung eine „0", die negativen eine „1" vorangestellt.
In Tab. 21 ist zur Veranschaulichung für die Zahl 13 eine Vorzeichen-Betragsdarstellung

Dezimal zahl	Vorzeichen	duale Zahl	Vorzeichen+ Betrag
+13	0	1101	01101
-13	1	1101	11101

Tab. 21 Darstellung negativer Dualzahlen

aufgeführt. Die digitale Verarbeitung und Berechnung einer solchen Codierung hat einen großen Nachteil: Die Zahlen können nicht einfach addiert werden, sondern müssen jeweils dem Vorzeichen entsprechend addiert oder subtrahiert werden.
Eine andere Darstellung positiver und negativer Zahlen wird in der Offset-Binary-Codierung verwendet. Dies wird durch die Verschiebung des Zahlenbereichs erreicht. Die Mitte definiert man als „0".
Eine positive 8 Bit Dualzahl definiert einen Bereich von 0 bis 255. Durch die Verschiebung um 128 erhält man einen Offset-Bereich von -128 bis +127.
Beim „Complement-offset-binary Code" wird das Bitmuster invertiert *(siehe Tab. 22)*.

9.6.3 Zweierkomplement-Code

Wird bei einer Codierung nach Vorzeichen und Betrag unterschieden, kann man positive und negative Zahlen nicht einfach addieren, sondern müßte bei negativen Vorzeichen auf Subtraktion umschalten.

Um dies zu vermeiden, wird der Zweierkomplement-Code eingesetzt, wenn größere Rechenoperationen durchzuführen sind. Er ist dafür optimiert, indem für jeden Absolutwert die Summen der positiven und negativen Codes nur Nullen und einen Übertrag ergeben. Das erste Bit definiert das Vorzeichen. Das höchste Bit erhält ein negative Wichtung und der restliche Teil der Zahl wird als Dualzahl dargestellt. Entsprechend erhält das niederwertigste bit eine positive Wichtung [17].

Teil des full scale (fs)	Dezimal	full scale: +/-10V	Dualzahl Vorz.+Betrag	Offset binary	Komplement offset binary	Zweier-komplement
fs -1LSB	127	+ 9,921875 V	(0) 1111111	1111 1111	0000 0000	0111 1111
+ 3/4 fs	96	+ 7,5 V	(0) 1100000	1110 0000	0001 1111	0110 0000
+ 1/2 fs	64	+ 5,0V	(0) 1000000	1100 0000	0011 1111	0100 0000
+ 1/4 fs	32	+ 2,5V	(0) 0100000	1010 0000	0101 1111	0010 0000
+/- 0	+/-0	+/-0,000V	(0) 0000000	1000 0000	0111 1111	0000 0000
- 1/4 fs	-32	- 2,5V	(1) 0100000	0110 0000	1001 1111	1110 0000
- 1/2 fs	-64	- 5,0V	(1) 1000000	0100 0000	1011 1111	1100 0000
- 3/4 fs	-96	- 7,5V	(1) 1100000	0010 0000	1101 1111	1010 0000
-fs	-128	- 10,0V	(1) 1111111	0000 0000	1111 1111	1000 0000

Tab. 22 Codierung bipolarer Wandler (8Bit)

9.7 Probleme beim Meßaufbau mit ADCs und DACs

Bei Meßaufbauten, in denen Wandler in verschiedensten Formen eingesetzt werden, gibt es neben den systembedingten Fehlerquellen, die vorher schon beschrieben wurden, zwei Störquellen, die bei hochauflösenden Messungen besonders berücksichtigt werden müssen: stark verrauschte Masseleitungen der Computerstromversorgung und kapazitive Einstreuung der digitalen Signale des Rechners in Form von Übersprechen auf die Signalleitungen. Bei der Entwicklung von anspruchsvollen Systemen ist mit größter Sorgfalt der Analogbereich vom Digitalteil zu trennen, da die steilen Flanken digitaler Signale hohe Frequenzanteile beinhalten, die, eingekoppelt auf empfindliche Signalleitungen und hochohmigen Eingängen, erhebliche Störungen verursachen können.

Bei einem 14bit Analog-Digital-Wandler beispielsweise mit einem Meßbereich von 10V beträgt die Auflösung der kleinsten Quantisierungsstufe $600\mu V$! Um diese Genauigkeit zu erhalten, braucht man einen Störspannungsabstand von 84,4dB. Daher dürfen analoge und digitale Leitungen niemals über eine längere Strecke parallel geführt werden. Einfache Flachbandleitungen sind zur parallelen Übertragung von analogen Signalen und digitalen Steuersignalen häufig nicht geeignet.

Kommerzielle Meßkarten für Computer sind sehr verbreitet, da sie einfach zu bedienen sind und wesentlich kostengünstiger als selbstentwickelte Baugruppen sind. Häufig werden beispielsweise 16 oder 32 I/O-Kanäle, zwei 8-Kanal Analog-Digital-Wandler und ein Digital-Analog-Wandler mit 12 oder 16 bit Auflösung auf einer Karte gruppiert. Diese steckt direkt im PC, wird vom Schaltnetzteil des Rechners versorgt und bietet dem Anwender einen 50-poligen Pfostenverbinder an, um alle Meß- und Steuerleitungen mehr oder weniger übersichtlich an sein Experiment führen. An dieser Stelle werden von vielen Herstellern oft grobe und fahrlässige Fehler begangen, die der Anwender später aufwendig beheben muß. Es lassen sich mit vielen dieser Aufbauten Genauigkeiten von bestenfalls 12 oder 13 Bit erreichen.

Die Meßsignale und analogen Steuersignale sollten immer über koaxiale oder mehrpolige abgeschirmte Leitungen getrennt von den digitalen I/O-Leitungen an den Rechner geführt werden. Es wird dann allerdings eine Interfacebox benötigt, die den Übergang von BNC-Stecker auf Pfostenverbinder der Rechnerkarte ermöglicht.

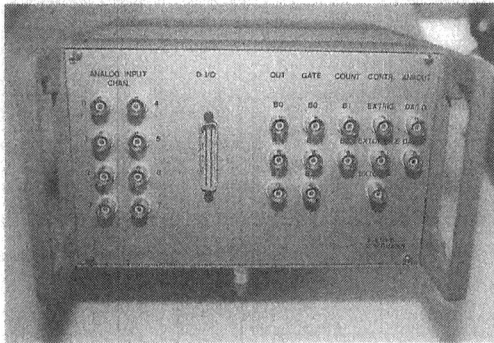

Abb. 128 Interfacebox für eine Meßkarte im PC

Um höhere Genauigkeiten zu erreichen, ist es oft sinnvoll, den Rechner als Störquelle weit vom Experiment aufzustellen und die Meßkarte mit ADC und DAC separat als selbstständige Baugruppe und durch Optokoppler vom Rechner vollständig getrennt möglichst dicht am Versuch aufzubauen.

9.7.1 Entkopplung von der Rechnermasse

Jeder Wandler, der zu Meßzwecken eingesetzt wird, benötigt in der Regel zwei Versorgungsspannungen: + 5V für den Digitalteil und +/-15V für den Analogteil.

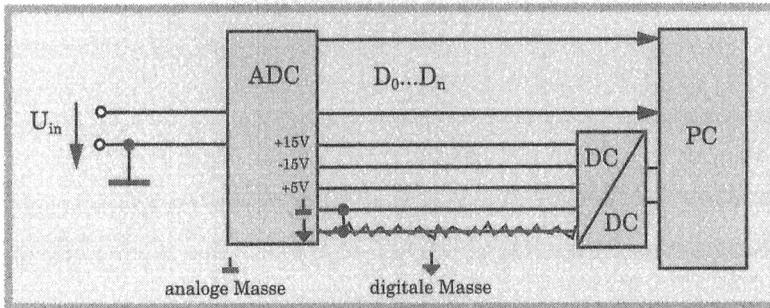

Abb. 129 Prinzipieller Aufbau einer Wandlerkarte mit Stromversorgung vom PC

Diese Versorgungen haben jeweils einen eigenen Massebezug, der an einer Stelle möglichst dicht am Wandlerbaustein verbunden sein muß. Da die Meßsignale sich immer auf diesen Massepunkt beziehen, darf dieser nicht schwanken oder gestört sein, da sich sonst der Meßwert um denselben Faktor ändert.

Eine deutlichere Verbesserung läßt sich durch den Einsatz von Optokopplern und durch eine vom Rechner unabhängige Stromversorgungen erreichen. Die galvanische Trennung von der Rechnermasse führt zu einer deutlichen Verbesserung des Bezugspunktes jeder Messung. Werden mehrere Wandler eingesetzt, sind separate Netzteile für jede einzelnen Baugruppe zwar aufwendig, sie verhindern aber zuverlässig Masseschleifen *(siehe 10.5, Seite 129)*.

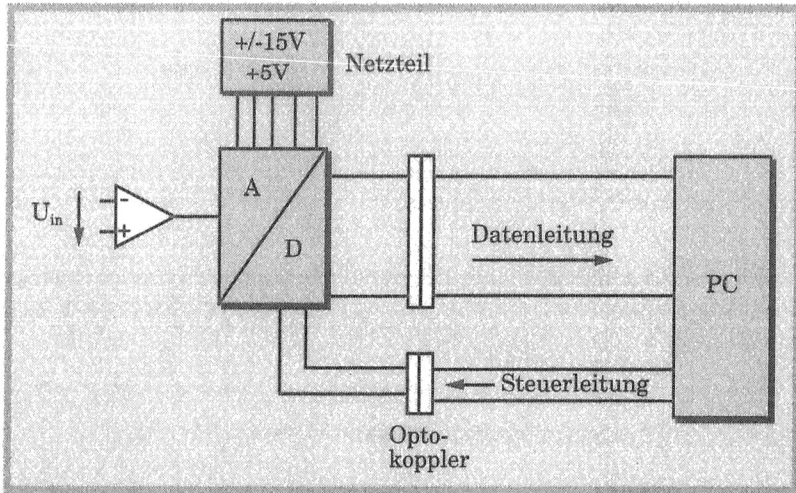

Abb. 130 Meßkarte mit Optokoppler und separatem Netzteil

10. Störprobleme

10.1 Einleitung

In der elektronischen Meßtechnik spielen Störungen, die das Meßergebnis beeinflussen können, eine sehr große Rolle. Die Empfindlichkeit der Sensoren wird immer größer, die Geschwindigkeit der Meßwerterfassung immer schneller und die Störquellen immer häufiger. Daher ist es sinnvoll, sich mit diesen Problemen genauer zu beschäftigen, um die Fehlerquellen möglichst gering zu halten. Es ist oft sehr schwierig, die Quelle der Störung zu identifizieren, da es häufig mehrere Ursachen gibt, die sich überlagern. Deswegen ist beim Aufbau von elektronischen Schaltungen auf jeden Fall darauf zu achten, daß dabei nicht solche Fehler gemacht werden, die selbst zu Störquellen werden.

Stark vereinfacht kann man drei Hauptgruppen von Störquellen unterscheiden:

- fehlerhafter Schaltungsaufbau innerhalb eines Gerätes, beispielsweise durch schlechte Masseführung
- schlechte Verkopplungen mehrerer Meßkomponenten
- Einstreuung von Störsignalen kapazitiv über die Luft oder die Netzleitungen.

10.2 Störungen innerhalb der Schaltung

Elektronische Komponenten werden in der Regel auf eine Platine gelötet. Dabei spielt die Positionierung der Bauteile eine wichtige Rolle. Handelt es sich um eine empfindliche Messung, sollte sich auf der Platine eine große Massefläche befinden, die neben der Abschirmwirkung auch eine niederohmige Masseführung erlaubt. Die Masse als Bezugspunkt ist von größter Wichtigkeit, da jede Spannungsmessung sich auf diesen Punkt bezieht. Ist dieser nicht stabil oder liegen auf der Massefläche diese Punkte auf unterschiedlichem Niveau, so entstehen große Meßfehler. Die Querschnitte der elektrischen Verbindungen auf der Platine sind häufig sehr klein. Werden sie von einem Strom durchflossen, fällt eine Spannung über ihnen ab, sodaß man sie wie einen Widerstand betrachten muß.

Für die Stromversorgung werden Netzteile benötigt. Diese kann man in zwei Hauptgruppen einteilen: Linear- und Schaltnetzteile. Linearnetzteile haben den Vorteil, geringere Störungen zu verursachen, sind aber größer und verursachen mehr Verlustwärme und sind in der Regel auch teurer. Sie sind aber auf Grund ihrer geringeren Störfelder und geringeren Restwelligkeit in empfindlichen Meßaufbauten die erste Wahl.

Am Beispiel eines hochauflösenden AD-Wandlers sollen einige Regeln aufgezeigt werden, wie durch sorgfältigen Aufbau die Störungen möglichst gering gehalten werden. Die Signalquelle liefert das Meßsignal, das durch einen Operationsverstärker so aufbereitet wird, daß der AD-Wandler in einem sinnvollen Bereich ausgesteuert werden kann.

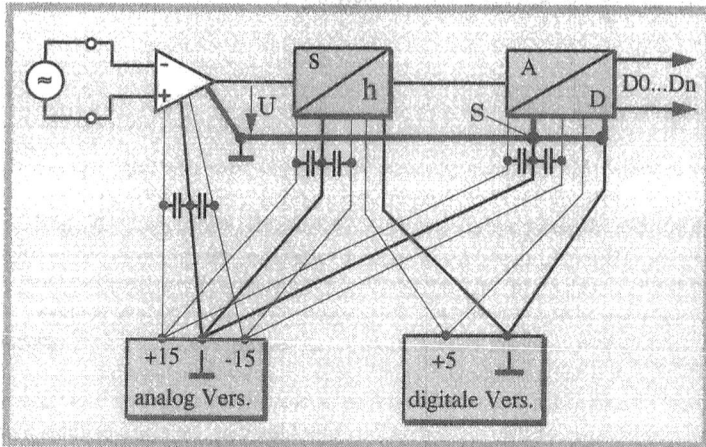

Abb. 131 Sternförmiger Aufbau der Spannungsversorgung

Der Sample/hold-Verstärker stellt sicher, daß der ADC während der Umwandlung einen konstanten Spannungswert sieht. Der Massebezugspunkt S muß für den ADC stabil gehalten werden, denn das Meßsignal wird auf diesen Punkt bezogen. Er sollte möglichst dicht am Wandlerbaustein positioniert werden. Die Abblockkondensatoren dienen zur Entkopplung von Störsignalen auf den Versorgungsleitungen. Für hochfrequente Störungen nimmt man Keramikkondensatoren (ca. 10..100nF), da sie u.a. einen geringen Serienwiderstand haben. Durch eine Parallelschaltung von keramischen Kondensatoren und Tantalkondensatoren ($1\mu F...47\mu F$) kann eine sehr gute Entkopplung im gesamten Frequenzbereich erreicht werden. Wichtig ist es, die Kondensatoren so dicht wie möglich an die Bausteine zu positionieren.

Die Bestückungsseite der Platine sollte großflächig mit Kupfer kaschiert sein, sodaß jeder Kondensator niederohmig und induktionsarm mit der Massefläche verbunden sein kann.

Den besten Aufbau kann man durch eine Multilayerplatine erzielen: Die Platine wird wie ein Sandwich aufgebaut, indem mehrere gegeneinander isolierte Layer aufgebracht werden. Auf der Bestückungsseite wird die Massefläche aufgebracht, auf dem untersten Layer die Versorgungsspannung. Dazwischen liegen die Signalleitungen. Es ist beim layouten darauf zu achten, daß Leitungen möglichst nicht parallel geführt werden, um ein Übersprechen durch kapazitive Kopplung zu vermeiden.

Bei der Positionierung der Bauteile führt eine konsequente Trennung von analogen und digitalen Schaltkreisen zu besseren Ergebnissen. Ebenso ist zu berücksichtigen, daß Bauteile, die eine große Verlustleistung und damit eine entsprechende Wärmeentwicklung verursachen, sich störend auswirken können.

Eine Platine wird in den meisten Fällen in ein passendes Gehäuse eingebaut. Dieses sollte eine gute Abschirmwirkung haben, um den Innenraum feldfrei zu halten.

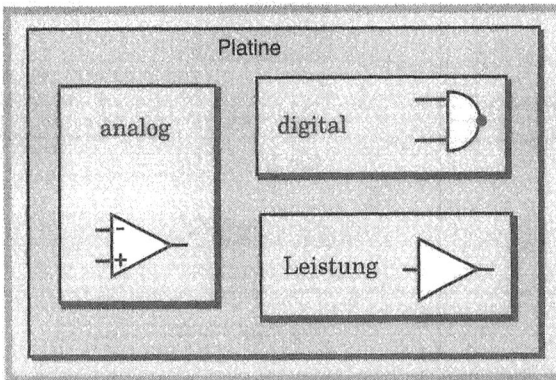

Abb. 132 Positionierung der Baugruppen auf einer Platine

Elektrische Felder werden sehr gut durch leitende Materialien wie Kupfer oder Aluminium abgeschirmt. Um Signale ein- oder auszukoppeln, benötigt man Steckverbinder oder Durchführungen. Diese müssen aber dafür optimiert sein und die Löcher im Gehäuse sollten so klein wie möglich gehalten werden, um nicht nur elektrostatische Gleichfelder, sondern auch höherfrequente Wechselfelder abzuschirmen.

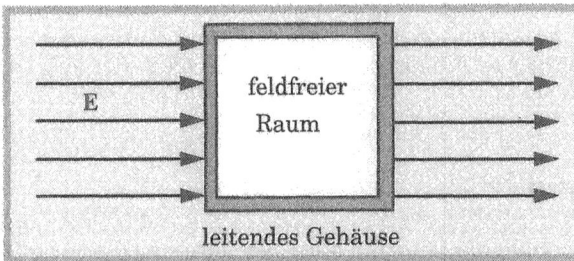

Abb. 133 Abschirmung elektrischer Felder [29]

Magnetische Felder kann man nicht unterbrechen, sondern man setzt Materialien ein, die magnetisch besser als Luft leitend sind, um die Feldlinien „umzuleiten". Der magnetische Widerstand in diesen Materialien ist sehr klein, was durch eine hohe relative Permeabilität μ_r erreicht wird. Dieses gilt aber nur für gleich- bzw. für niederfrequente Felder. Ein Netztransformator, der große magnetische Störfelder erzeugt, kann abgeschirmt werden, beispielsweise mit Mu®-Metall oder Permalloy®.

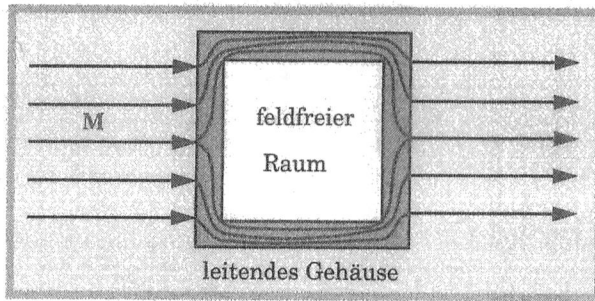

Abb. 134 Abschirmung magnetischer Felder [29]

Für höherfrequente magnetische Störfelder ist der Skineffekt sehr nützlich. Dieses Phänomen bewirkt, daß die Eindringtiefe des Stroms in einem Leiter von der Frequenz abhängig ist. Wird durch ein hochfrequentes magnetische Wechselfeld ein Strom im Abschirmgehäuse erzeugt, fließt dieser nur in dem äußeren Bereich des verwendeten Materials. Die Eindringtiefe kann stark vereinfacht folgendermaßen ermittelt werden:

$$Gl.\ 76 \qquad \delta(\mu m) = \frac{2}{\sqrt{f(GHz)}}$$

Dadurch kann für hohe Frequenzen das Abschirmmaterial dünner gewählt werden und die Abschirmwirkung von Aluminium und Kupfer wird für magnetischer Felder größer.[13]

10.3 Gehäuse

Sollen elektronische Baugruppen in ein Metallgehäuse eingebaut werden, um sie vor Störsignalen abzuschirmen, sind mehrere Faktoren zu beachten, um eine möglichst gute Wirkung zu erzielen.

19" Rahmen und Kassetten sind weit verbreitet. Nur genügen sie in vielen Fällen nicht den aktuellen Anforderungen der „Elektromagnetischen Verträglichkeit" EMV. Die Metallteile sind in der Regel eloxiert und haben damit eine nichtleitende Oberfläche! Beim Verschrauben muß also mindestens eine Zahnscheibe untergelegt werden, um die Blechteile elektrisch leitend zu kontaktieren.

Beim Verbinden mehrerer Geräte treten immer wieder große Probleme auf. Werden über die Kabel niederfrequente Signale übertragen und ist eine symmetrische Übertragung möglich, dann ist eine Abschirmung nicht unbedingt erforderlich. Es müßten dann aber an den Aus- und Eingängen der Baugruppen entsprechende Filterungen durchgeführt werden.

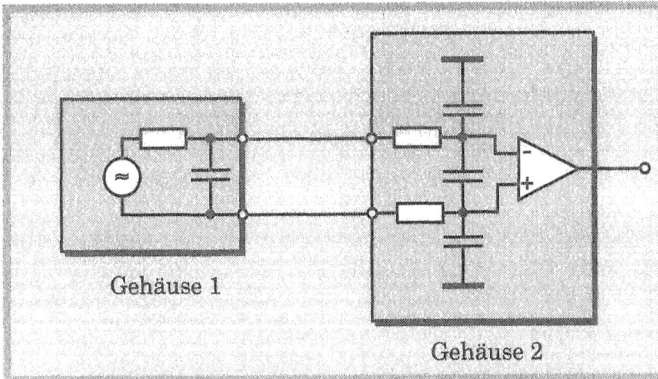

Abb. 135 Symmetrische Leitungsführung mit Filterung

Ein entscheidender Vorteil dieses symmetrischen Aufbaus ist, daß keine Masseschleifen entstehen können. Diese Filterung muß direkt am Aus- und Eingang vorgenommen werden, um eine Einstreuung höherfrequenter Signale zu vermeiden. Die Dimensionierung der Filterstufen ist abhängig von der Bandbreite des Meßsignals. Bei der Temperaturmessung beispielsweise können in den meisten Fällen Tiefpaßfilter mit einer Grenzfrequenz von 1...10Hz eingesetzt werden.

Ist eine Abschirmung der Signalleitungen erforderlich, dann wird immer wieder die Frage heftig diskutiert, ob der Schirm an beiden Seiten oder einseitig angeschlossen werden soll, wenn, dann an welche Seite usw.

Allgemein kann man feststellen, daß es davon abhängt, welche Bandbreite und Amplitude die zu übertragenen Signale haben.

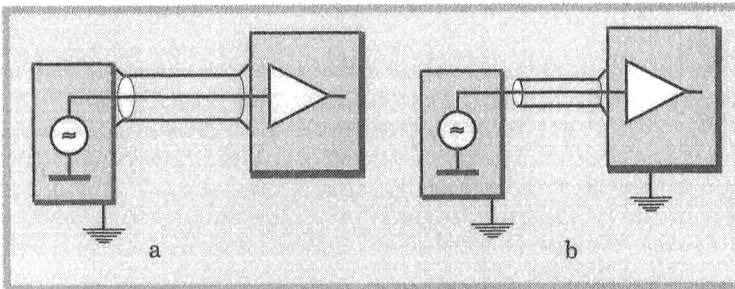

Abb. 136 zwei Möglichkeiten, abgeschirmte Kabel einzusetzen

Die in Abb. 136 a aufgezeigte Verbindung von zwei Geräten ist dort sinnvoll, wo hochfrequente Signale mit relativ großer Amplitude übertragen werden müssen. Dabei wird die Abschirmung des ersten Gehäuses über den Schirm des Kabels auf das zweite Gerät übertragen. Alle externen Störfelder fließen niederohmig zur Erde ab. Das Problem von Erd- oder Masseschleifen *(siehe 10.5, Seite 129)* und 50Hz Brummspannungen, die in diesem Aufbau sicherlich vorkommen, spielen keine große Rolle, weil der Signal/Störabstand relativ groß ist. Bei digitalen Datenleitungen haben beispielsweise 100mV Störspannung keinen negativen Einfluß.

125

Treten allerdings Probleme mit den Erdschleifen auf, bestehen zwei wichtige Alternativen, das Problem in den Griff zu bekommen. Die einfachste besteht darin, entsprechend Abb. 133 den Schirm nur einseitig auf der Meßseite anzuschließen und die Schleife somit aufzutrennen. Der Nachteil dieser Vorgehensweise liegt darin, daß die Hochfrequenzabschirmung des Kabels damit sehr stark abnimmt. Die andere Möglichkeit besteht in der kapazitiven Kopplung der Schirmanschlüsse über einen Kondensator (ca. 10..100nF). Damit wird für niederfrequente Signale die Kopplung hochohmig und damit die Brummschleife bedämpft und für hohe Frequenzen bilden diese Kondensatoren praktisch einen Kurzschluß.

Eine sehr gute Möglichkeit, Brummschleifen aufzutrennen, besteht im Einsatz von Differenzverstärkern. Jeder Operationsverstärker ist im Grunde dafür geeignet *(siehe 8.7.1, Seite 84)*.

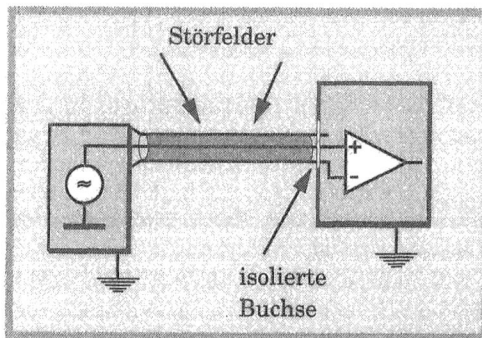

Abb. 137 Unterdrückung von Störsignalen durch Differenzverstärker

Das Prinzip dieser Schaltung ist recht einfach. Der Operationsverstärker bildet immer die Differenz der Eingangssignale am invertierenden und nicht invertierenden Eingang. Das Kabel wird über eine gegen das Gehäuse isolierte Buchse zum Differenzverstärker geführt. Die Störfelder induzieren in beiden Zuleitungen das gleiche Signal, d.h. phasen- und amplitudengleich. Die Differenz davon ist = 0 und am Ausgang des OPs steht das Originalsignal ohne Störungen zur Weiterverarbeitung zur Verfügung. Diese sogenannte Gleichtaktunterdrückung von Operationsverstärkern liegt im Bereich von 100 bis 130dB. Bei 120dB beispielsweise wird ein Störsignal somit um den Faktor 10^6 unterdrückt. Das bedeutet bei einer 50 Hz „Brummspannung" von 1V, die durch elektromagnetische Felder in die Signalleitungen induziert wurden, daß am Ausgang des Differenzverstärkers nur 1μV Störspannung vorhanden ist.

Einschränkend muß erwähnt werden, daß diese Gleichtaktunterdrückung frequenzabhängig ist und nur im unteren Frequenzbereich so hohe Werte hat.

10.4 Masseführung

In der Terminologie der Bezugspunkte für Spannungsmessungen bestehen häufig keine klaren Verhältnisse. Die Begriffe „Erdpotential" und „Masse" werden nicht klar abgegrenzt.

Treibt man beispielsweise einen Metallstab einige Meter in den Erdboden, so daß er Kontakt zum Grundwasser hat, dann ist dieser Punkt auf Erdpotential. Der Schutzleiter der Netzversorgung und die „Meßerde" im Labor liegen auf diesem Potential. Da über diese Leitungen kein Strom fließt, liegen alle Punkte im Idealfall auf gleichem Potential. Durch schlechte Aufbauten und defekte Geräte können aber Ausgleichsströme fließen, die bei kleinen Leiterquerschnitten zu Spannungsabfällen führen können.

Unter dem Begriff Masse muß man sich immer einen künstlichen Bezugspunkt einer Spannung vorstellen, der beliebig gewählt sein kann, aber klar definiert sein muß.

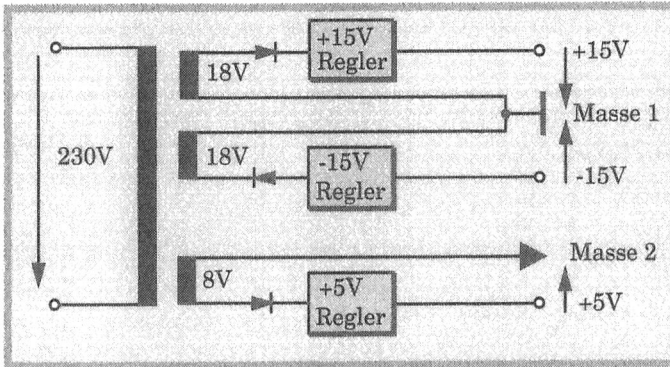

Abb. 138 Masse als Bezugspunkt

In der obigen Spannungsversorgung gibt es drei separate Spannungsquellen, wobei zwei durch eine Verbindung zur Masse 1 einen gemeinsamen Bezugspunkt erhalten. Der dritte, der 5V Regler, hat eine eigene Masse und somit keinen Bezug zu der +/-15V Versorgung. Wird mit solch einem Netzteil beispielsweise ein AD-Wandler versorgt, dann muß an einer einzigen Stelle eine Verbindung dieser Massen hergestellt werden (siehe Abb. 131, Seite 122).

Beim Layouten einer Platine muß auf eine sorgfältige Leiterbahnführung für die Versorgung geachtet werden. Die Kupferkaschierung ist in der Regel 35μm, in Sonderfällen 70μm dick. Um einen Leitungsquerschnitt von 1mm^2 zu erreichen, müßte bei 35μm Kupferkaschierung die Leiterbahn ca. 28mm breit sein. Es treten in jedem Fall Spannungsabfälle auf, die durch einen sternförmigen Aufbau möglichst gering gehalten werden können.

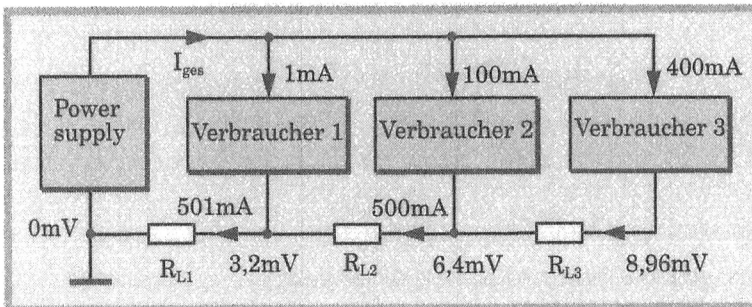

Abb. 139 Beispiel für schlechte Masseführung durch Reihenschaltung

In Abb. 139 ist an einem Beispiel aufgezeigt, welche Probleme durch eine schlechte Masse-führung auftreten können. Die einzelnen Verbraucher haben eine unterschiedliche Strom-aufnahme. Die Masseleitung zwischen den Verbrauchern soll immer 30cm lang sein und einen Querschnitt von 1mm² haben. Daraus ergibt sich mit dem spezifischen Widerstand von Kupfer ein R_L von jeweils 6,4mΩ/30cm . Es ist deutlich zu sehen, daß der Massebezug für jeden Verbraucher anders aussieht. Besonders ungünstig wäre es noch, wenn die Stromaufnahme von Verbraucher 2 oder 3 stark schwanken würde, sodaß der Bezugs-punkt von Verbraucher 1 sich ebenfalls ständig ändern würde.

Im folgenden Aufbau werden die Verbraucher sternförmig angeschlossen und sie werden völlig unabhängig von den anderen Verbrauchern immer den gleichen Bezug haben.

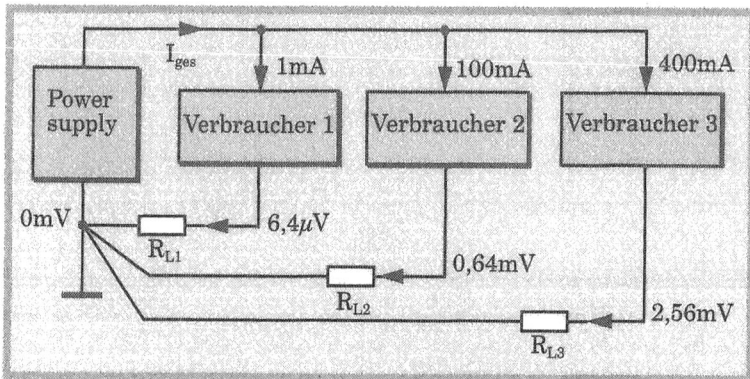

Abb. 140 Sternförmiger Aufbau der Masseverbindungen

Sternförmiger Aufbau bedeutet also, immer eine eigene Masseleitung von einem zentralen Punkt des Systems zu jedem einzelnen Verbraucher zu haben. Störsignale oder Span-nungsspitzen addieren sich bei sternförmigem Aufbau nicht auf den Masseleitungen und empfindliche Verbraucher „sehen" keine Störungen, die von Nachbarverbrauchern erzeugt werden.

Bei einer elektronischen Schaltung ist es oft erforderlich, die Versorgungs- und Messmas-se getrennt zu führen. Aus diesen Gründen gibt es sogenannte Senseleitungen.

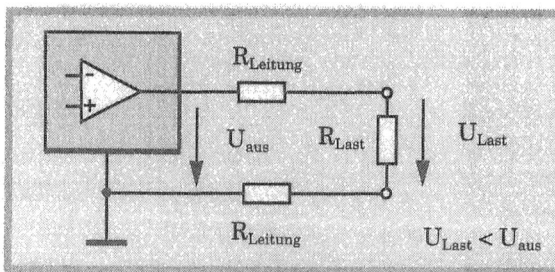

Abb. 141 Fehler durch fehlende Kompensation der Leitungswiderstände

In Abb. 141 sind die Ausgangsleitungen als Widerstand dargestellt, um deutlich zu ma-chen, daß an ihnen ein ungewollter Spannungsabfall auftreten kann. Dieser Effekt macht sich in hochauflösenden Meßaufbauten sehr nachteilig bemerkbar, da die am Ausgang vorliegende Spannung nicht in gleicher Höhe an der Last anliegt, sondern um die Spannung, die an $R_{Leitung}$ abfällt, geringer ist.

Um diesen Fehler kompensieren zu können, benutzt man Senseleitungen, über die nur eine zu vernachlässigende Spannung abfällt, da durch sie nur ein minimaler Meßstrom fließt.

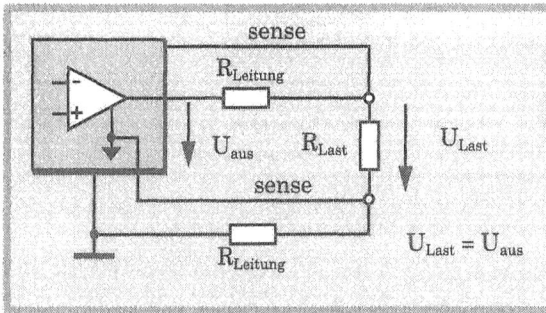

Abb. 142 Meßaufbau mit Senseleitungen

Zur Funktionsweise dieser Senseleitungen muß man sich kurz die Regeleigenschaften des OPs vor Augen führen *(siehe 8.7.2, Seite 86)*. Vereinfacht ausgedrückt vergleicht er an seinem Ausgang die Spannung mit der Eingangsspannung und je nach eingestellter Verstärkung regelt er diese nach. Die Senseleitungen verlegen nun den Vergleichspunkt des OPs nach außen an den Verbraucher, sodaß alle Komponenten in den Regelkreis mit eingebunden sind und die auftretenden Fehler vom OP ausgeregelt werden können.

Ein solch sorgfältiger Aufbau ist sowohl auf der Platine als auch in einzelnen Geräten und bei komplexen Versuchsaufbauten erforderlich.

10.5 Sternförmiger Aufbau

Bei Experimenten, in denen eine große Anzahl von Meßgeräten, Verstärkern, Steuergeräten und Computern eingesetzt werden, tritt häufig das Problem auf, daß durch oft unübersichtliche Aufbauten und schleifenförmige Verbindungen sogenannte Erdschleifen entstehen. Diese wirken wie Empfangsantennen und magnetische Wechselfelder induzieren Spannungen, die zu massiven Störungen führen.

Um einen tatsächlichen Überblick über alle elektrischen Verbindungen zu bekommen, ist es oft hilfreich, sich einen Plan wie in Abb. 143 zu machen, um feststellen zu können, an welchen Stellen Erdschleifen vorhanden sind, um sie dann mit den entsprechenden Möglichkeiten aufzutrennen.

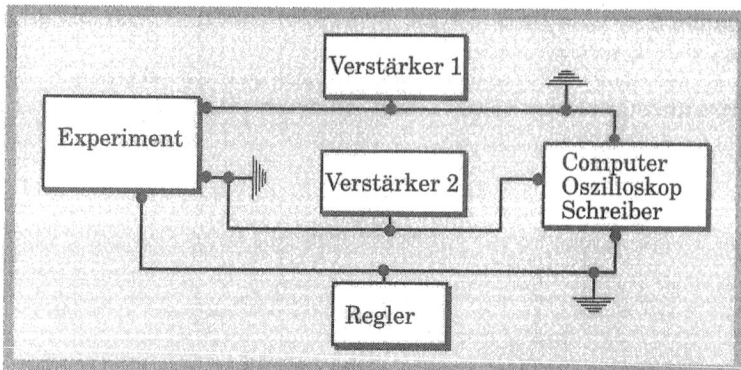

Abb. 143 Meßaufbau mit mehreren Erdschleifen

Dafür ist es notwendig, soweit wie möglich einen sternförmigen Aufbau der Erdverbindungen herzustellen. Um das zu erreichen, definiert man sich einen Sternpunkt. Dieser sollte so beschaffen sein, daß mehrere elektrische Leitungen einfach angeschlossen werden können.

Abb. 144 Sternpunkt an einem Versuchsaufbau bei einem Tunnelmikroskop [22]

Alle Geräte werden jetzt an diesem zentralen Punkt geerdet. Durch den sternförmigen Aufbau gibt es keine Leiterschleifen mehr, in die ein magnetisches Feld eine Spannung induzieren kann.
Soweit zur Theorie. In der Praxis läßt sich dieser optimale Aufbau oft nicht so durchführen, sodaß andere Maßnahmen durchgeführt werden müssen. Eine Möglichkeit besteht darin, die Meßsignale über einen Trennverstärker zu führen, der eine galvanische Trennung ermöglicht. Geerdete Geräte können auch über einen Trenntrafo versorgt werden, sodaß die Aus- und Eingänge erdfrei sind. Es darf aber immer nur ein einziges Gerät aus Sicherheitsgründen an einem Trenntrafo angeschlossen werden! **Entsprechende Erklärungen folgen im Kapitel über die Sicherheit und Schutzmaßnahmen.**

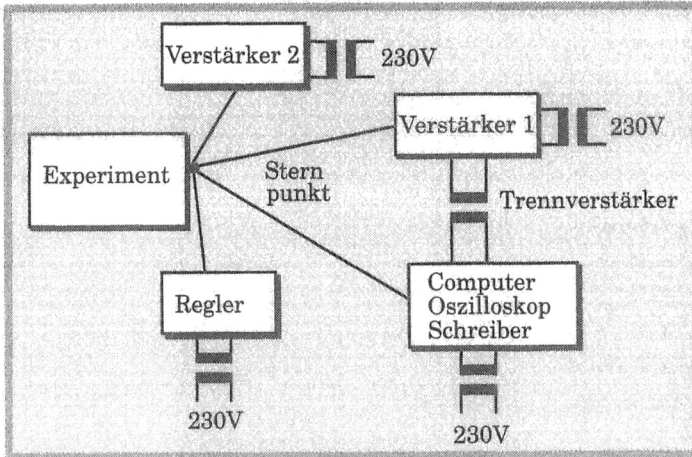

Abb. 145 Sternförmiger Aufbau

10.6 Trennverstärker

Es gibt mehrere Gründe, in kritischen Meßaufbauten Trennverstärker einzusetzen. Liegen beispielsweise Sensoren oder Detektoren auf hohem Potential, so läßt sich die Meßgröße sicher über einen Trennverstärker auskoppeln. Bei anderen Versuchen sind oft viele Komponenten im Meßaufbau vorhanden, sodaß sich Masseschleifen und andere Signalverkopplungen nicht vermeiden lassen. Werden dann zur Entkopplung der analogen Signale und deren Bezugspunkte Trennverstärker eingesetzt, können vielfach deutlich bessere und von Störgrößen unabhängige Messungen durchgeführt werden.

Der prinzipielle Aufbau dieser Verstärker sieht folgendermaßen aus:

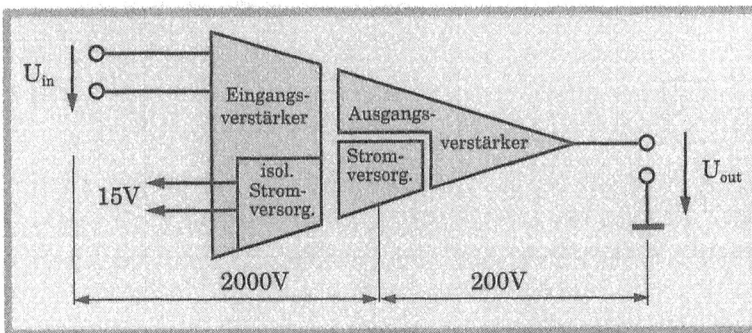

Abb. 146 Prinzipieller Aufbau eines Trennverstärkers

Der Eingangsverstärker hat in Abb. 146 eine Spannungsfestigkeit gegenüber dem Ausgangsteil von 2000 V. Die Stromversorgung des Eingangsverstärkers muß entweder über ein externes, spannungsfestes Netzteil erfolgen oder ist wie in Abb. 146 auf dem Baustein

131

integriert. Die Übertragung des Meßsignals kann auf drei verschiedene Arten erfolgen: kapazitiv, induktiv oder optisch.
In der Tab. 23 sind einige Trennverstärker mit wichtigen Parametern aufgeführt.

TYP	Hersteller	Gleichtaktunter-drückung: DC (60Hz)	Verstärkungs-Nichlinearität (%)	Spgs.-festig-keit (DC)	Bandbreite
ISO 100	Burr-Brown	146 (108) dB	0,02	750 V	60,0 kHz
ISO 102	Burr-Brown	160 (120) dB	0,002	2.100 V	70,0 kHz
ISO 121	Burr-Brown	160 (115) dB	0,005	4.950 V	60,0 kHz
ISO 3310	Knick	160 (106) dB	0,02	1.000 V	10,0 kHz
DC 11000	Knick	150 (120) dB	0,2	1.000 V	5,0 kHz
AD 102	Analog Devices	(100) dB	0,05	700 V	1,5 kHz
AD 210	Analog Devices	(120) dB	0,012	3.500 V	20,0 kHz

Tab. 23 Auswahl einiger Trennverstärker

11. Sicherheit

11.1 Sicherheitsmaßnahmen im Labor

Für einige Meßaufgaben werden manchmal versuchsbedingt bestimmte Sicherheitsmaßnahmen eingeschränkt oder außer Kraft gesetzt. Wenn dadurch Elektrounfälle verursacht werden, handelt der Verantwortliche grob fahrlässig, weil er andere Menschen gefährdet.
Häufige Fehlerursache sind der nicht vorhandene Schutzleiter, beschädigte Kabelisolierung oder nicht genügend geschützte, spannungsführende Teile einer Apparatur.
Bei Unfällen, die durch elektrischen Strom verursacht werden, gibt es drei Faktoren, die eine wichtige Rolle spielen: die Höhe der Spannung, der maximal fließende Strom und die Frequenz.
An dieser Stelle sollen nur die wichtigsten Probleme angeschnitten werden; es wird dringend empfohlen, die entsprechenden Sicherheitsvorschriften für Laboranwendungen, die in den jeweiligen DIN-Normen festgelegt sind, zu beachten.
Berührt ein Mensch eine spannungsführende Leitung und wird über den Körper ein Stromkreis geschlossen, kann es zu diversen Verletzungen und Verbrennungen führen. Der Herzmuskel ist das am meisten gefährdete Organ, da seine Aktivität durch körpereigene Ströme reguliert wird. Überlagern sich die externen und internen Ströme, kann dies zum gefürchteten Herzkammerflimmern führen.
Die Schädigung des menschlichen Organismus hängt wesentlich von folgenden Faktoren ab:
a) von der Höhe des Stromes, der von der Spannung und dem Übergangswiderstand abhängig ist.
b) von der Dauer des Stromflusses
c) von dem Strompfad durch den Körper
Bei einem Kontakt von beiden Händen mit der Netzspannung von 230V/50Hz treten je nachdem, welcher Strom fließt, folgende Erscheinungen auf:
- bis 1mA: leichte Muskelkontraktionen in den Fingern.
- bis 5mA: Nervenreizungen bis zum Unterarm.
- bis 15mA: man ist gerade noch in der Lage, willentlich die Hände zu lösen.
- bis 25mA: Hände verkrampfen, können sich nicht mehr lösen.
- bis 80mA: es treten Herzrhythmusstörungen auf, Bewußtlosigkeit.
- bis 100mA: fließt der Strom länger als 0,3s, führt es sicher zu Herzkammerflimmern und Bewußtlosigkeit. Beim Herzmuskel wird der Sinus- und Ventrikularknoten als Taktgeber außer Funktion gesetzt, so daß es u.a. eigene willkürliche Bewegungen (Herzkammerflimmern) ausführt. Dadurch wird das Gehirn nicht ausreichend mit Sauerstoff versorgt.
Bei Spannungen über 1000V wird durch die höheren Ströme das Muskelgewebe zerstört.
Sogenannte Niederspannungen bis 50V sind für den menschlichen Organismus nicht lebensgefährlich und unterliegen anderen Sicherheitsvorschriften. Dazu gehören zum Beispiel Netzgeräte bis zu einer maximalen Ausgangsspannung von 50V.
Bei Spannungen bis 250V gegenüber dem Erdpotential ist entweder eine Schutzerdung oder eine 2. Schutzisolierung vorzusehen. Geräte mit einer 2. Isolierung können mit einem Stecker ohne Schutzkontakt, dem sogenannten Eurostecker, versehen sein und haben zur Kennzeichnung zwei ineinander verschachtelte Quadrate aufgedruckt.

Der Schutzleiter ist immer grün/gelb markiert und darf niemals für andere Zwecke miß-
braucht werden. Da es sich um einen Schutzleiter handelt, ist er immer stromlos.
Im Folgenden soll stark vereinfacht das Versorgungsnetz erklärt werden, um einen siche-
ren Umgang und ein gewisses Grundverständis zu gewährleisten.

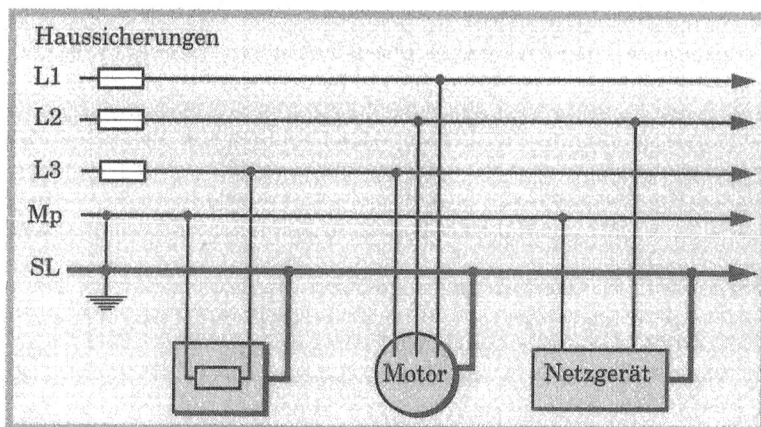

Abb. 147 Prinzipieller Aufbau des Drehstromnetzes

In dieser Darstellung werden einige Komponenten des Drehstromnetzes dargestellt. Vom
Kraftwerk werden die drei Phasen L1, L2 und L3 zur Verfügung gestellt. Es handelt sich
um eine sinusförmige Wechselspannung mit einer Frequenz von 50 Hz. Die Phasen sind
zueinander um 120° verschoben, sodaß die Spannung zwischen den Phasen 380V beträgt.
Der Gesamtstrom ist bei gleichmäßiger Belastung durch die Verbraucher gleich Null. Die
Spannung zwischen einer Phase und dem Mittelpunktsleiter Mp beträgt 230V. Alle Verbraucher liegen parallel am Netz.
Die Schutzerde hat die Funktion, daß im Falle eines defekten Gerätes die Phase Kontakt
zum Gehäuse bekommt, sodaß dieses keine gefährlichen Spannungen führen kann. Wenn
dieser Kontakt niederohmig ist, wird sofort ein zu großer Strom fließen und die entsprechende Netzsicherung wird ansprechen. Handelt es sich aber um einen Übergang von beispielsweise 200 Ω, so wird ein Strom von 1,15A fließen und die Sicherung-üblicherweise
16A im Lichtnetz wird nicht reagieren. Wird dieses Gerät von einem Menschen berührt
und hat dieser noch niederohmig Kontakt zur Erde oder zum Nullleiter, dann wird er einen elektrischen Schlag bekommen.
Um diesen gefährlichen Zustand zu vermeiden, gibt es Fehlerstromschutzschalter.

11.2 Fehlerstromschutzschalter (FI)

Diese Schutzmaßnahme ist in jedem Labor Vorschrift und hat die Aufgabe, das Netz abzu-
trennen, wenn ein sogenannter Fehlerstrom von der Phase über das Gehäuse als Leckstrom oder über einen Menschen zur Erde abfließt. Das Funktionsprinzip beruht auf einer
„Stromwaage". Der Strom durch eine Phase muß genauso groß wie durch den Mp-Leiter
sein (beim Wechselstromnetz).

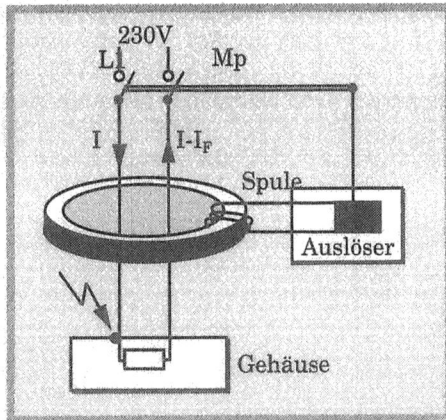

Abb. 148 Prinzip des Fehlerstromschutzschalters

In der Abb. 148 ist der prinzipielle Aufbau der Stromwaage dargestellt. Die beiden stromführenden Kabel werden durch einen Eisenkern geführt. Da die Summe der Ströme gleich Null ist, hebt er sich in seiner Wirkung auf. Somit können auch keine Kraftlinien in dem Eisenkern entstehen. Fließt jetzt ein Strom hinter dem FI-Schutzschalter nicht nur über die beiden Kabel, sondern über eine Fehlerstelle zur Erde ab, so ist das Stromgleichgewicht im Kern aufgehoben und es wird in der Spule durch den Eisenkern ein Strom induziert, der wiederum den Auslöser mit dem dazugehörigen Relais aktiviert und den gesamten Stromkreis unterbricht.

Zum Personenschutz werden in der Regel FI-Schutzschalter mit einem Auslösestrom von 10mA, in seltenen Fällen von 30mA, eingesetzt.

11.3 Schutztrennung

Bei bestimmten Aufbauten kann es erforderlich sein, daß einzelne Geräte nicht über den Schutzkontakt, sondern über eine zusätzliche Verbindung zum Sternpunkt geerdet werden, um Mehrfacherdungen zu vermeiden. Dies kann man dadurch erreichen, daß man den Erdleiter abklemmt. Wenn man dieses durchführt, muß sichergestellt sein, daß das Gerät aber an anderer Stelle geerdet werden, weil sonst die Sicherheit nicht mehr gewährleistet werden kann.

Ein besserer Weg ist der Einsatz eines Trenntransformators.

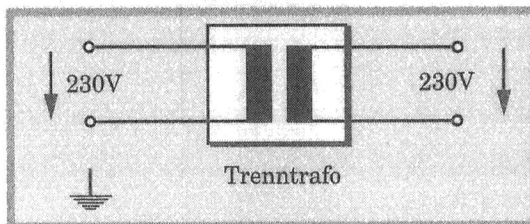

Abb. 149 Prinzip des Trenntrafos

Die Aufgabe besteht darin, die Netzspannung im Verhältnis 1:1 zu übertragen, aber sicherzustellen, daß durch die getrennten Wicklungen eine galvanische Trennung zwischen Primär- und Sekundärseite vorhanden ist. Auf der Sekundärseite steht also die gleiche Spannung zur Verfügung, ist aber nicht mehr auf das Erdpotential bezogen. Bei der Dimensionierung des Trafos ist auf den maximalen Verbrauch des angeschlossenen Gerätes zu achten.

Es darf aus Sicherheitsgründen aber nur **ein einziges** Gerät an den Trenntrafo angeschlossen werden.

12. Anhang

12.1 Leitungsquerschnitte

Die Querschnitte einer Leitung müssen beim Aufbau von elektrischen Geräten immer berücksichtigt werden. Zu kleine Abmessungen führen zum einen zu unnötigen Spannungsabfällen, zum anderen erwärmen sich die Leitungen, was sich bis zum Leitungsbrand auswirken kann.
Die Art der Isolierung, der Aufbau der Leitung und die Art der Verlegung spielen natürlich auch noch eine Rolle. Als grobe Richtwerte kann man für frei verlegte, bewegliche Mantelleitungen folgende Tabellenwerte einsetzen:

Querschnitt/ mm^2	max. Dauerstrom / A
0,75	12
1,5	18
2,5	25
4,0	34
6,0	45

Tab. 24 Strombelastbarkeit

12.2 Spannungspegel

In der Elektrotechnik werden zur Spezifikation von Baugruppen oder -teilen häufig zwei Spannungen miteinander verglichen. Dazu bildet man das logarithmische Verhältnis einer Spannung zu einem Bezugspegel. Der Verstärkungsfaktor kann zum Beispiel als Verhältnis der Ausgangsspannung zur Eingangsspannung definiert werden. Dabei handelt es sich um relative Pegel. Wählt man eine feste Bezugsgröße, beispielsweise 0,775V als Bezugspegel (dieser wird von einem „Normalgenerator" geliefert, der an einem Widerstand von 600Ω eine Leistung von 1mW abgibt), so sprich man von absoluten Pegeln.[14]
Spannungspegel gibt man folgendermaßen an, wobei der Logarithmus vom Verhältnis der Spannungen gebildet und mit dem Faktor 20 multipliziert wird und den Zusatz dezi-Bel als Pseudoeinheit bekommt:

$$Gl.\ 77 \qquad V_u = 20\log\frac{U_2}{U_1}[dB]$$

Von dem Wert 20dB an aufwärts führt eine Erhöhung um jeweils 20dB zu einer Vergrößerung der Verstärkung um den Faktor 10.
In der folgenden Tabelle werden einige dB-Werte für Spannungsverhältnisse aufgeführt:

v_U [dB]	U_2 / U_1
0	1
3	1,416
6	2
10	3,16
20	10
40	100
60	1000
80	10.000
100	100.000
120	1.000.000

Tab. 25 Spannungsverhältnisse in dB

Dämpfungen kann man auf entsprechende Weise darstellen und versieht die Angabe nur mit einem Minuszeichen. Die Verringerung eines Störsignal um -80dB bedeutet zum Beispiel, daß es um den Faktor 10.000 kleiner wurde.

12.3 Widerstandswerte und -Codierung

In den meisten Fällen sind Widerstände aus keramischen Trägermaterial aufgebaut. Die Widerstandsschicht selber wird aus Kohlenstoff oder Metall gebildet, die auf das Trägermaterial aufgedampft wird. Metallschichtwiderstände sind enger toleriert und haben einen kleineren Temperaturkoeffizienten (ca. 50ppm/°C).

Die Widerstandswerte werden nach bestimmten Normreihen gefertigt, die einer geometrischen Reihe mit folgenden Faktoren entsprechen:
$\sqrt[6]{10}, \sqrt[12]{10}, \sqrt[24]{10}, \sqrt[48]{10}, \sqrt[96]{10}$.

Die Normreihen werden entsprechend E6, E12, E24, E48, E96 bezeichnet. Die 12er Reihe beispielsweise hat 12 Werte pro Dekade, die 96er dagegen 96 pro Dekade.

Die Toleranzwerte der Widerstände richten sich auch nach der Normreihe. In der 96er Reihe dürfen sie höchstens einen Fehler von 1%, in der 48er Reihe höchstens einen von 2% haben.

In der Tab. 26 „Normreihe E 96" sind alle Werte dieser Reihe dargestellt.

Aus dieser Tabelle können auch die Werte der niedrigeren Reihen abgelesen werden. Entsprechende Rundungen sind zu berücksichtigen.

Die Widerstandswerte können auf den Bauteilen direkt aufgedruckt sein. In den meisten Fällen sind sie aber mit Farbringen bezeichnet. Dieser Farbcode gibt in den ersten drei Ringen den Wert, im vierten den Multiplikator und im fünften Ring die Toleranz an. In manchen Fällen wird im sechsten Ring der Temperaturkoeffizient zusätzlich spezifiziert.

In der Tab. 27 „Farbcodierung von Widerständen" werden die Farbcodierringe der Widerstände aufgeführt.

1,00	1,33	1,78	2,37	3,16	4,22	5,62	7,50
1,02	1,37	1,82	2,43	3,24	4,32	5,76	7,68
1,05	1,40	1,87	2,49	3,32	4,42	5,90	7,87
1,07	1,43	1,91	2,55	3,40	4,53	6,04	8,06
1,10	1,47	1,96	2,61	3,48	4,64	6,19	8,25
1,13	1,50	2,00	2,67	3,57	4,75	6,34	8,45
1,15	1,54	2,05	2,74	3,65	4,87	6,49	8,66
1,18	1,58	2,10	2,80	3,74	4,99	6,65	8,87
1,21	1,62	2,15	3,87	3,83	5,11	6,81	9,09
1,24	1,65	2,21	2,94	3,92	5,23	6,98	9,31
1,27	1,69	2,26	3,01	4,02	5,36	7,15	9,53
1,30	1,74	2,32	3,09	4,12	5,49	7,32	9,76

Tab. 26 Normreihe E 96

12.3.1 Tabelle der Farbcodierung von Widerständen

Kenn- farbe	1. Ring 1. Wert	2. Ring 2. Wert	3. Ring 3. Wert	4. Ring Multiplikator	5. Ring Toleranz
silber	-	-	-	0,01 Ω	+/- 10%
gold	-	-	-	0,1 Ω	+/- 5%
schwarz	0	0	0	1,0 Ω	-
braun	1	1	1	10,0 Ω	+/- 1%
rot	2	2	2	100,0 Ω	+/- 2%
orange	3	3	3	1,0 kΩ	-
gelb	4	4	4	10,0 kΩ	-
grün	5	5	5	100,0 kΩ	+/- 0,5%
blau	6	6	6	1,0 MΩ	-
violett	7	7	7	10,0 MΩ	-
grau	8	8	8	100,0 MΩ	-
weiß	9	9	9	1,0 GΩ	-

Tab. 27 Farbcodierung von Widerständen

12.4 Tabelle für Thermoelement Typ K (Ni/NiCr)

	0	1	2	3	4	5	6	7	8	9
-190	-5,600	-5,617	-5,634	-5,650	-5,666	-5,681	-5,696	-5,712	-5,728	-5,747
-180	-5,427	-5,446	-5,464	-5,481	-5,499	-5,516	-5,533	-5,550	-5,566	-5,583
-170	-5,240	-5,260	-5,279	-5,299	-5,317	-5,336	-5,354	-5,373	-5,391	-5,409
-160	-5,033	-5,054	-5,076	-5,098	-5,119	-5,139	-5,160	-5,180	-5,200	-5,220
-150	-4,813	-4,836	-4,858	-4,880	-4,902	-4,924	-4,946	-4,967	-4,989	-5,011
-140	-4,575	-4,599	-4,624	-4,648	-4,672	-4,696	-4,720	-4,743	-4,767	-4,790
-130	-4,322	-4,347	-4,373	-4,398	-4,424	-4,449	-4,475	-4,500	-4,525	-4,550
-120	-4,057	-4,083	-4,110	-4,137	-4,163	-4,190	-4,217	-4,243	-4,270	-4,296
-110	-3,779	-3,807	-3,836	-3,864	-3,892	-3,920	-3,948	-3,976	-4,003	-4,030
-100	-3,490	-3,520	-3,550	-3,579	-3,607	-3,636	-3,664	-3,693	-3,721	-3,750
-90	-3,188	-3,219	-3,250	-3,280	-3,310	-3,340	-3,370	-3,400	-3,430	-3,460
-80	-2,868	-2,900	-2,932	-2,964	-2,996	-3,028	-3,060	-3,092	-3,124	-3,156
-70	-2,539	-2,573	-2,606	-2,640	-2,673	-2,706	-2,739	-2,771	-2,804	-2,836
-60	-2,200	-2,234	-2,269	-2,303	-2,337	-2,371	-2,404	-2,438	-2,472	-2,505
-50	-1,858	-1,893	-1,928	-1,963	-1,997	-2,031	-2,065	-2,099	-2,133	-2,167
-40	-1,501	-1,537	-1,573	-1,609	-1,644	-1,680	-1,716	-1,751	-1,787	-1,822
-30	-1,137	-1,173	-1,210	-1,247	-1,283	-1,320	-1,357	-1,393	-1,430	-1,466
-20	-0,767	-0,804	-0,841	-0,879	-0,916	-0,953	-0,990	-1,027	-1,064	-1,100
-10	-0,386	-0,424	-0,463	-0,502	-0,540	-0,579	-0,617	-0,655	-0,693	-0,730
-0	-0,000	-0,039	-0,079	-0,118	-0,156	-0,194	-0,233	-0,271	-0,309	-0,347
0	0,000	0,040	0,080	0,120	0,160	0,200	0,240	0,280	0,320	0,360
10	0,400	0,440	0,480	0,520	0,560	0,600	0,640	0,680	0,720	0,760
20	0,800	0,840	0,880	0,920	0,960	1,000	1,040	1,080	1,120	1,160
30	1,200	1,240	1,280	1,320	1,361	1,403	1,444	1,486	1,527	1,569
40	1,609	1,650	1,690	1,731	1,772	1,813	1,854	1,896	1,937	1,978
50	2,020	2,061	2,102	2,143	2,184	2,226	2,267	2,308	2,350	2,391
60	2,432	2,473	2,514	2,556	2,597	2,639	2,680	2,721	2,763	2,804
70	2,846	2,887	2,929	2,971	3,013	3,054	3,096	3,137	3,179	3,221
80	3,262	3,304	3,346	3,388	3,430	3,472	3,513	3,555	3,596	3,638
90	3,679	3,721	3,763	3,805	3,847	3,889	3,931	3,973	4,014	4,056
100	4,097	4,139	4,181	4,223	4,264	4,306	4,347	4,389	4,430	4,471
110	4,513	4,554	4,596	4,637	4,679	4,719	4,760	4,800	4,841	4,881
120	4,923	4,964	5,006	5,047	5,089	5,130	5,170	5,210	5,250	5,290
130	5,330	5,370	5,410	5,450	5,490	5,530	5,570	5,610	5,650	5,690
140	5,730	5,770	5,810	5,850	5,890	5,930	5,970	6,010	6,050	6,090
150	6,130	6,170	6,210	6,250	6,290	6,330	6,370	6,410	6,450	6,490
160	6,530	6,570	6,610	6,650	6,690	6,730	6,770	6,810	6,850	6,890
170	6,930	6,970	7,010	7,050	7,090	7,130	7,170	7,210	7,250	7,290
180	7,330	7,370	7,410	7,450	7,490	7,530	7,570	7,610	7,650	7,690
190	7,730	7,770	7,810	7,850	7,890	7,930	7,970	8,010	8,050	8,090
200	8,130	8,170	8,210	8,250	8,290	8,331	8,373	8,414	8,456	8,497
210	8,539	8,580	8,620	8,660	8,700	8,740	8,780	8,820	8,860	8,900

Tab. 28 Thermospannungen für Thermoelement Typ K

	0	1	2	3	4	5	6	7	8	9
220	8,940	8,980	9,020	9,060	9,100	9,140	9,180	9,220	9,260	9,300
230	9,340	9,380	9,420	9,461	9,503	9,544	9,586	9,627	9,669	9,710
240	9,750	9,790	9,830	9,870	9,910	9,950	9,990	10,031	10,073	10,114
250	10,156	10,197	10,239	10,279	10,320	10,360	10,401	10,441	10,483	10,524
260	10,566	10,607	10,649	10,689	10,730	10,770	10,811	10,851	10,893	10,934
270	10,976	11,017	11,059	11,099	11,140	11,180	11,221	11,261	11,303	11,344
280	11,386	11,427	11,468	11,510	11,551	11,592	11,633	11,674	11,715	11,757
290	11,799	11,840	11,882	11,923	11,964	12,006	12,047	12,088	12,129	12,171
300	12,212	12,253	12,294	12,336	12,377	12,419	12,460	12,501	12,543	12,584
310	12,626	12,667	12,709	12,751	12,793	12,834	12,876	12,917	12,959	13,000
320	13,041	13,083	13,124	13,166	13,207	13,249	13,291	13,333	13,374	13,416
330	13,457	13,499	13,541	13,582	13,624	13,666	13,708	13,750	13,792	13,834
340	13,876	13,918	13,960	14,002	14,044	14,086	14,128	14,169	14,211	14,252
350	14,294	14,336	14,378	14,420	14,462	14,504	14,546	14,588	14,630	14,672
360	14,714	14,756	14,798	14,840	14,882	14,924	14,966	15,008	15,050	15,092
370	15,134	15,176	15,218	15,260	15,302	15,344	15,386	15,428	15,470	15,512
380	15,554	15,596	15,638	15,680	15,722	15,764	15,806	15,849	15,891	15,934
390	15,976	16,018	16,060	16,102	16,144	16,186	16,229	16,271	16,314	16,356
400	16,398	16,440	16,482	16,524	16,566	16,609	16,651	16,694	16,736	16,779
410	16,821	16,864	16,906	16,948	16,990	17,032	17,074	17,116	17,159	17,201
420	17,244	17,286	17,329	17,371	17,414	17,456	17,498	17,540	17,582	17,624
430	17,666	17,709	17,751	17,794	17,836	17,879	17,921	17,964	18,006	18,048
440	18,090	18,132	18,174	18,216	18,259	18,301	18,344	18,386	18,429	18,471
450	18,514	18,556	18,599	18,641	18,684	18,726	18,769	18,811	18,854	18,896
460	18,939	18,981	19,024	19,066	19,109	19,151	19,194	19,236	19,279	19,321
470	19,364	19,407	19,450	19,493	19,536	19,578	19,621	19,664	19,707	19,750
480	19,793	19,835	19,878	19,919	19,961	20,003	20,045	20,088	20,131	20,175
490	20,219	20,263	20,306	20,349	20,392	20,435	20,478	20,520	20,563	20,605
500	20,647	20,689	20,732	20,774	20,816	20,859	20,901	20,944	20,986	21,029
510	21,071	21,114	21,156	21,198	21,240	21,282	21,324	21,367	21,410	21,453
520	21,497	21,540	21,583	21,626	21,669	21,711	21,754	21,796	21,839	21,881
530	21,924	21,966	22,009	22,051	22,094	22,136	22,179	22,221	22,264	22,306
540	22,349	22,391	22,434	22,477	22,520	22,563	22,606	22,649	22,691	22,734
550	22,776	22,819	22,861	22,904	22,946	22,989	23,031	23,074	23,117	23,160
560	23,203	23,247	23,290	23,333	23,375	23,418	23,460	23,502	23,545	23,587
570	23,630	23,673	23,716	23,759	23,801	23,844	23,886	23,929	23,971	24,014
580	24,056	24,099	24,141	24,184	24,227	24,270	24,313	24,357	24,400	24,443
590	24,485	24,528	24,570	24,612	24,655	24,697	24,740	24,783	24,826	24,869
600	24,911	24,954	24,996	25,039	25,081	25,124	25,166	25,209	25,251	25,294
610	25,337	25,380	25,423	25,466	25,509	25,551	25,594	25,636	25,679	25,721
620	25,764	25,806	25,849	25,891	25,934	25,976	26,019	26,061	26,104	26,146
630	26,189	26,231	26,274	26,316	26,358	26,400	26,442	26,484	26,526	26,569
640	26,611	26,654	26,696	26,738	26,780	26,822	26,864	26,906	26,948	26,990
650	27,032	27,074	27,116	27,158	27,200	27,242	27,284	27,326	27,368	27,410
660	27,452	27,494	27,536	27,579	27,621	27,664	27,706	27,748	27,790	27,832
670	27,874	27,916	27,958	28,000	28,042	28,084	28,126	28,168	28,210	28,252

Tab. 28 Thermospannungen für Thermoelement Typ K

	0	1	2	3	4	5	6	7	8	9
680	28,294	28,336	28,378	28,420	28,462	28,504	28,546	28,589	28,631	28,674
690	28,716	28,758	28,800	28,842	28,884	28,927	28,969	29,011	29,054	29,096
700	29,138	29,179	29,221	29,262	29,304	29,346	29,389	29,431	29,473	29,516
710	29,558	29,599	29,641	29,683	29,724	29,766	29,807	29,849	29,891	29,932
720	29,974	30,016	30,058	30,100	30,142	30,184	30,226	30,268	30,310	30,352
730	30,394	30,436	30,478	30,520	30,562	30,604	30,646	30,688	30,729	30,771
740	30,813	30,854	30,896	30,937	30,979	31,021	31,063	31,104	31,146	31,187
750	31,229	31,271	31,313	31,354	31,396	31,438	31,479	31,521	31,562	31,604
760	31,646	31,688	31,729	31,771	31,813	31,854	31,896	31,937	31,979	32,021
770	32,063	32,104	32,146	32,187	32,228	32,269	32,310	32,352	32,393	32,434
780	32,476	32,517	32,558	32,599	32,640	32,682	32,723	32,764	32,806	32,847
790	32,888	32,929	32,970	33,011	33,052	33,093	33,134	33,176	33,217	33,259
800	33,299	33,340	33,380	33,421	33,461	33,502	33,544	33,586	33,627	33,669
810	33,710	33,750	33,790	33,830	33,870	33,911	33,952	33,994	34,036	34,078
820	34,119	34,160	34,200	34,240	34,280	34,320	34,360	34,401	34,442	34,484
830	34,526	34,568	34,609	34,650	34,690	34,730	34,770	34,810	34,850	34,891
840	34,933	34,974	35,016	35,057	35,099	35,140	35,180	35,220	35,260	35,300
850	35,340	35,380	35,420	35,460	35,501	35,543	35,584	35,626	35,667	35,709
860	35,750	35,790	35,830	35,870	35,910	35,950	35,990	36,030	36,070	36,110
870	36,150	36,190	36,230	36,270	36,310	36,350	36,390	36,430	36,470	36,510
880	36,550	36,591	36,633	36,674	36,716	36,757	36,799	36,840	36,880	36,920
890	36,960	37,000	37,040	37,080	37,120	37,160	37,200	37,240	37,280	37,320
900	37,360	37,400	37,440	37,480	37,520	37,560	37,600	37,640	37,680	37,720
910	37,760	37,800	37,840	37,880	37,920	37,960	38,000	38,040	38,080	38,120
920	38,160	38,200	38,240	38,280	38,320	38,360	38,400	38,440	38,480	38,520
930	38,560	38,600	38,640	38,680	38,720	38,760	38,800	38,839	38,877	38,916
940	38,954	38,993	39,031	39,070	39,110	39,150	39,190	39,230	39,270	39,310
950	39,350	39,390	39,430	39,470	39,510	39,550	39,590	39,630	39,670	39,710
960	39,749	39,787	39,826	39,864	39,903	39,941	39,980	40,020	40,060	40,100
970	40,140	40,180	40,220	40,260	40,299	40,337	40,376	40,414	40,453	40,491
980	40,530	40,570	40,610	40,650	40,690	40,730	40,770	40,809	40,847	40,886
990	40,924	40,962	41,001	41,041	41,080	41,120	41,159	41,199	41,237	41,276
1000	41,314	41,353	41,391	41,431	41,470	41,510	41,549	41,589	41,627	41,666
1010	41,704	41,743	41,782	41,821	41,860	41,899	41,938	41,977	42,016	42,054
1020	42,093	42,132	42,170	42,209	42,248	42,287	42,326	42,365	42,403	42,441
1030	42,480	42,518	42,557	42,596	42,634	42,673	42,712	42,750	42,789	42,827
1040	42,866	42,904	42,943	42,982	43,020	43,059	43,097	43,136	43,174	43,213
1050	43,251	43,290	43,329	43,367	43,406	43,444	43,482	43,520	43,558	43,596
1060	43,634	43,673	43,711	43,750	43,789	43,827	43,866	43,904	43,943	43,981
1070	44,019	44,057	44,096	44,134	44,173	44,211	44,249	44,288	44,326	44,364
1080	44,402	44,440	44,478	44,516	44,554	44,592	44,630	44,668	44,706	44,744
1090	44,782	44,820	44,858	44,896	44,934	44,972	45,010	45,048	45,086	45,124
1100	45,161	45,199	45,236	45,274	45,312	45,350	45,388	45,426	45,464	45,502
1110	45,540	45,578	45,616	45,654	45,691	45,729	45,766	45,804	45,842	45,880
1120	45,918	45,956	45,994	46,031	46,069	46,106	46,144	46,181	46,219	46,256
1130	46,294	46,331	46,369	46,406	46,444	46,481	46,519	46,556	46,593	46,630

Tab. 28 Thermospannungen für Thermoelement Typ K

	0	1	2	3	4	5	6	7	8	9
1140	46,667	46,704	46,741	46,779	46,816	46,854	46,891	46,929	46,966	47,004
1150	47,041	47,079	47,116	47,153	47,190	47,227	47,264	47,301	47,339	47,376
1160	47,413	47,450	47,487	47,523	47,560	47,597	47,634	47,671	47,709	47,746
1170	47,783	47,820	47,857	47,893	47,930	47,967	48,004	48,041	48,079	48,116
1180	48,153	48,190	48,227	48,263	48,300	48,337	48,373	48,410	48,447	48,483
1190	48,520	48,557	48,593	48,630	48,667	48,703	48,740	48,777	48,813	48,850
1200	48,887	48,923	48,960	48,997	49,033	49,070	49,107	49,143	49,180	49,216
1210	49,252	49,288	49,324	49,360	49,397	49,433	49,470	49,507	49,543	49,580
1220	49,616	49,652	49,688	49,724	49,760	49,796	49,832	49,868	49,904	49,940
1230	49,976	50,012	50,048	50,084	50,120	50,156	50,192	50,228	50,264	50,300
1240	50,336	50,372	50,408	50,444	50,480	50,516	50,552	50,587	50,623	50,659
1250	50,694	50,730	50,766	50,801	50,837	50,873	50,909	50,944	50,980	51,016
1260	51,051	51,087	51,123	51,159	51,194	51,230	51,266	51,302	51,337	51,372
1270	51,407	51,443	51,478	51,513	51,548	51,584	51,620	51,656	51,692	51,727
1280	51,763	51,798	51,833	51,868	51,902	51,937	51,972	52,007	52,043	52,078
1290	52,113	52,148	52,182	52,217	52,252	52,287	52,323	52,358	52,393	52,428
1300	52,462	52,497	52,532	52,567	52,602	52,638	52,673	52,708	52,743	52,777
1310	52,812	52,847	52,882	52,918	52,953	52,988	53,023	53,057	53,092	53,127
1320	53,162	53,198	53,233	53,268	53,302	53,337	53,372	53,406	53,440	53,474
1330	53,508	53,543	53,578	53,613	53,648	53,682	53,717	53,752	53,786	53,820
1340	53,854	53,889	53,923	53,958	53,992	54,027	54,061	54,096	54,130	54,164
1350	54,199	54,233	54,267	54,301	54,336	54,370	54,404	54,438	54,472	54,506
1360	54,540	54,574	54,608	54,642	54,676	54,710	54,744	54,778	54,812	54,846
1370	54,880	54,916								

Tab. 28 Thermospannungen für Thermoelement Typ K

12.5 Adressen

Bei den meisten Herstellern von elektronischen Komponenten kann man direkt Informationen, Applikationsbeispiele, Datenblätter und Unterstützung beim Entwurf von Schaltungen bekommen. Die Bauteile sind aber in der Regel nur über Distributoren erhältlich.

Hersteller von Halbleitern	Distributor	Schwerpunkt
Analog Devices tel. 089 769 03 - 0 www.analog.com	Spoerle Sasco	Op, Instr.Op.,Ref., ADC, DAC, Video Trennverstärker
Apex www.apexmicrotech	Hy-Line	Hochspannungs- operationsverstärker
Burr Brown tel. 0711 77 04 0 www.burr-brown.com	Rutronik	Op., Instr.Op.,Ref., ADC, DAC Trennverstärker
Datel tel. 089 54 43 34 - 0 www.datel.com	Datel	ADC, DAC DC-DC converter
Harris tel. 089 462 63 - 0 www.harris.com	Spoerle	Discrete, Linear, Data aquisition
HP tel. 07031 14 - 0 www.hewlett-packard.de	EBV Avnet	Optoelectronic Optokoppler Isolierkomponenten
Knick tel. 030 80 01 - 0	Knick	Trennverstärker
Linear Technology tel. 089 962 455 - 0 www.lineartech.com	Eurodis Enatechnik	Linear, Interface
Maxim tel. 05722 203 0 www.maxim-ic.com	Maxim SE Electronic	Linear, Ref., Counter, Timer, Video, Interface
Motorola tel. 089 921 03 - 0 www.mot.com	EBV Spoerle	Discrete Linear, Interface Logik
National Semiconductors tel. 08141 35 - 0 www.national.com	Spoerle Avnet EBV	Discrete, Linear, Ref., Data aquisition, Inter- face
SGS - Thomson tel. 089 460 06 - 0 www.st.com	Rutronik Spoerle EBV, Avnet	Discrete, Power Linear
Siliconix www.siliconix.com	Ing. König Spoerle	Discrete, FET, Linear
Texas Instruments tel. 08161 80 - 0 www.ti.com	Spoerle Eurodis Enatechnik EBV	Discrete, Linear, Data Aquisition, Logik,

Tab. 29 Bauelemente - Hersteller

12.6 Hersteller elektromechanischer Komponenten

In der Tab. 30 sind einige Hersteller von Leitungen, Steckverbindern, Gehäusen und Komponenten für die Temperaturmeßtechnik aufgeführt.

Hersteller	Schwerpunkt	Anschrift
Elma	19"-Technik	Im Ludlein 6, 75181 Pforzheim 07231 9585 - 0
Eurotherm	Temperaturmeßtechnik allg.	Ottostr. 1, 65549 Limburg 06431 2980
Fischer	19"-Technik, Gehäuse allg.	Nottebohmstr. 28, 58511 Lüdenscheid tel. 02351 435 - 0
Heaeus	Thermodrähte, Ausgleichsleitung	R.Heraeus-Ring 23, 63801 Kleinostheim 06027 503 - 0
Isel	Gehäuse, Schrittmotoren	Im Leibholzgraben 16, 36132 Eiterfeld tel. 06672 898-0
Lemosa	Spezialkabel, Steverbinder (Hochspg, Thermo, Koax, Multi-Pol)	Stahlgruberring 7, 81829 München tel. 089 427703
Novocontrol	Temperaturmeßtechnik allg.	Obererbacher Str.9, 56414 Hundsangen tel. 06435 7006
Omega (Newport)	Temperaturmeßtechnik allg.	Daimlerstr. 26, 75392 Deckenpfronn 07056 3017
Radial	Steckverbinder (BNC, SMB, SMA, MHV, SHV u.a.	Carl-Zeiss-Str. 10, 63322 Rödermark tel. 06074 9107 - 0
Suhner	Steckverbinder (BNC, MHV, SHV)	Mehlbeerenstr. 6, 82024 Taufkirchen tel. 089 61201 - 0

Tab. 30 Hersteller von thermo- und elektromechanischen Komponenten

12.7 Distributoren

Distributoren	
Avnet	Stahlgruberring 12, 81801 München tel. 089 451 10 01
Bürklin	Schillerstr. 41, 80336 München 089 558 75 110
EBV	Ammerthalstr. 28, 85551 Kirchheim tel. 089 99114 - 0
Eurodis Enatechnik	Pascalkehre 1, 25443 Quickborn tel. 04106 701 - 0
Ing. König	Giesendorfer Str. 11a, 12107 Berlin tel. 030 768909 - 0
Maxim SE Electronic	Postf. 1308, 31665 Bückeburg tel. 05722 203 - 0
Rutronik	Industriestr. 2, 75228 Ispringen tel. 07231 801 - 0
Sasco	H.-Oberth-Str. 16, 85640 Putzbrunn tel. 089 461120 2
Spoerle	Max-Planck-Str. 1-3, 63303 Dreieich tel. 06103 304 - 8

Tab. 31 Distibutoren - Adressen

12.8 Literaturverzeichnis

[1]   Horowitz/Hill, The Art of Electronic, 2. Aufl. 1990, S. 433
[2]   Tietze/Schenk, Halbleiter Schaltungstechnik, 9.Aufl., 1986 S. 773
[3]   Philippow, Taschenbuch Elektrotechnik, Bd2. 1987, S.167
[4]   Philippow, Taschenbuch Elektrotechnik, Bd2. 1987, S. 201
[5]   Prema, Benutzerhandbuch DMM 6001, 1991, S. 2-2
[6]   Fluke, Kalibrieren; Theorie und Praxis, S. 32
[7]   Suhner, Koaxverbinder, Gesamtkatalog
[8]   Degussa Meßtechnik, Prospekt Nr. 8004, S. 27, Tab 6.3
[9]   Jumo, Messung der Temperatur 4.85 Blatt 4
[10] Ωmega, Temperature Handbook, S. Z18, Fig 17
[11] Profos, Handbuch für industrielle Meßtechnik, 1983 S. 121
[12] Datel, Handbuch der Datenwandlung, 2. Aufl. S. 15
[13] Elektronik, Franzis Verlag 18/ 2.9.88 S. 93
[14] Elemente der angewandten Elektronik, 9. Aufl. 1994 S. 357
[15] Methoden der angewandten Physik, Vorlesung, Bimberg 1983
[16] Tietze/Schenk, Halbleiter Schaltungstechnik, 8. Aufl. 1986, S. 762
[17] Tietze/Schenk, Halbleiter Schaltungstechnik, 8. Aufl. 1986, S. 565
[18] Burr-Brown, Applikation Nr. 92, Rauschen bei Ops, 1988, S. 3
[19] Keithley, Low level measurement, 4. Edition, S. 3.34
[20] Weik, Schönbein, Heyne, Digitale Linearisierung, #1284, 1994
[21] Burr-Brown, Datenbuch Linear Products, 1996/97 S. 2.37
[22] Schuster, Sternpunkt am Versuchsaufbau eines STMs, 1997
[23] Horowitz / Hill, The Art of Electronic, 2. Aufl. 1990, S. 432
[24] Heyne, Schönbein, f/U-U/f Converter, 20kV, # 991, 1993
[25] Analog Devices, Linear Databook, 1990/91 S. 12-22
[26] Ωmega, Temperature Handbook, S. Z18, Tab 4
[27] Datel, Handbuch der Datenwandlung, S.88, Bild 2
[28] Tietze/Schenk, Halbleiter Schaltungstechnik, 8. Aufl. 1986, S. 11
[29] Peter Pauli, Elektronik, Franzis Verlag, 18-2.9.88, S. 92
[30] Tietze/Schenk, Halbleiter Schaltungstechnik, 8. Aufl. 1986, S. 154

12.9 Weiterführende Literatur

- Tietze/Schenk: Halbleiter Schaltungstechnik, 8. Aufl. Springer Verlag.
- Horowitz/Hill: The Art of Electronic, 2.Edition, Cambridge University.
- Weddigen: Elektronik, Springer Verlag 1986.
- Rohe: Elektronik für Physiker, Teubner Studienbücher 1986.
- J. Yeager: Low Level Measurement, 5th Edition, Keithley Instruments.
- Samal/Becker: Grundriß der praktischen Regelungstechnik, Oldenbourg 1996.
- Profos: Handbuch der industriellen Meßtechnik, Oldenbourg 1997.
- Wilhelm: Elektromagnetische Verträglichkeit, Expert Verlag 1986.
- Klein: Einführung in die DIN-Normen, Teubner Verlag 1980.
- Burr-Brown: Applikationsschriften.
- Sheingold: Interfaceschaltungen zur Meßwerterfassung, Oldenbourg 1983.
- Eckl / Pütgens: AD/DA Wandler, Franzis Verlag 1988.
- Nürmann: Operationsverstärkerpraxis, Franzis Verlag 1988.
- Spang: Kalibrieren, Theorie und Praxis, Fluke.
- Datel: Handbuch der Datenwandlung 2. Aufl. Datel 1990.
- Oberthür: Elektronik, Meß- und Regeltechnik, Pflaum Verlag.
- Böhmer: Elemente der angewandten Elektronik, Vieweg 1994.

Index

www.ingramcontent.com/pod-product-compliance
Lightning Source LLC
Chambersburg PA
CBHW061818210326
41599CB00034B/7036